全球变暖有秘密

李永华　编著

内蒙古出版集团

内蒙古科学技术出版社

图书在版编目（CIP）数据

全球变暖有秘密 / 李永华编著. —赤峰：内蒙古
科学技术出版社，2016.7（2021.1重印）
ISBN 978-7-5380-2681-8

Ⅰ.①全… Ⅱ.①李… Ⅲ.①全球变暖—研究 Ⅳ.
①X16

中国版本图书馆CIP数据核字（2016）第175530号

全球变暖有秘密

编　　著：李永华
责任编辑：张继武
封面设计：李树奎
出版发行：内蒙古出版集团　内蒙古科学技术出版社
地　　址：赤峰市红山区哈达街南一段4号
网　　址：www.nm-kj.cn
邮购电话：(0476) 5888903
排版制作：赤峰市阿金奈图文制作有限责任公司
印　　刷：三河市华东印刷有限公司
字　　数：220千
开　　本：1010mm×700mm　1/16
印　　张：12.75
版　　次：2016年7月第1版
印　　次：2021年1月第3次印刷
书　　号：ISBN 978-7-5380-2681-8
定　　价：68.00元

前　言

　　太阳、地球和月亮三者相互之间一直处在稳定正常的运行状态之中,但地球本身出现了一个重要现象——地磁场在减弱。这一现象会伴随着更多现象的发生吗? 比如热岛现象、温室效应现象、雾霾现象、全球气候变暖现象、两极冰山融化现象等。

　　肆虐的台风和龙卷风这一自然灾害现象每暴发一次,都会给人类带来极大的伤害,导致无数的失踪者、死伤者和无家可归者,财产损失无法统计。这一古老的自然灾害现象在暴发前或暴发后可以预防吗?

　　地球围绕太阳运行,每年按时进入春夏秋冬,是否可以说明这样一点: 地球既不远离太阳,又不靠近太阳。如果是这样,那么全球气候为什么会变暖呢?

　　自1990年以来,政府间气候变化专门委员会(IPCC)共发布了5次评估报告,第5次评估报告在2013年9月发布。第5次评估报告在第4次评估报告的基础上,又重新确认了全球气候变暖是毋庸置疑的,人类活动是全球气候变暖的主要驱动因素,再一次把人类活动排在了首位。自《京都议定书》2005年生效以来,各国政府投入了大量的人力和物力来遏制全球气候变暖,那么成效如何呢?

　　据中国有机农业网消息:"美国国家海洋大气局(NOAA)在2014年10月20日宣布: 今年1至10月的全球平均气温创下了自1880年有观测记录以来的最高纪录。今年1至10月的平均气温为14.78℃,较20世纪平均气温高出0.68℃。2014年成为最热年。"由这一信息传递出全球气候变暖仍是一个趋势。全球气候怎么会向热的方向转变? 节能减排活动已近10年,也是人类遏制全球气候变暖的主要活动年,在这一活动中,它是否走向了反面？比如，"对电能的开发和利用一直在增强，而大地磁场同时在减弱"，这一增一减的背后是否还有着一定的关联？在这两种现象之间的背后是否还有未知的一面？

李永华

2015年12月

目　录

第一章　地磁场减弱之谜

"地球的形成年龄, 约有46亿年的历史。" [1]在这个漫长的形成过程中, 同时伴随着地球磁场的形成: "地球不停地自转和公转, 带动地球中心的外核围绕内核运动, 从而产生了磁场。" [2]这一假说, 得到了科学家的普遍认可。"自1600年, 英国物理学家吉尔伯特认为, 地球是个大磁体, 并发表《论磁》一书, 从那时起, 有了对地磁场研究的记录。" [3]至今已有415年的历史。

今天这个大磁体的磁场强度正在减弱: "在旧金山举行的美国地球物理学联合会秋季会议上, 哈佛大学的地球物理学家杰利米·布罗西汉姆的报告认为, 地球磁场正在不明原因地迅速减弱, 在过去的160年中, 磁场强度令人吃惊地减少了10%。" [4]

"德国地球物理学家对地球近9年的变化数据进行分析后宣称: 地球磁场强度在发生明显减弱, 大西洋南部地区的磁场目前正在发生着变化, 在这一区域, 磁场的密度仅仅是正常值的三分之一。就全球而言 , 磁场强度在最近150年中已减弱了10%。" [5]

地球磁场强度正在减弱, 这是以上两国科学家给出的同一结论。今天人类对地球磁场有了更新更全面的了解, 在大学课本的教材里是这样说的: "地球是一个磁化球体, 地球和近地空间都存在磁场, 有磁力线, 有南北两个磁极, 联结南北两磁极的线, 称为地磁轴, 地磁轴与地球自转轴并不重合, 有约11°的交角, 磁针在地球上受到磁力的作用, 指向磁力线方向。" [6]它的磁场范围: "理论计算及卫星观察表明, 在朝向太阳的一面, 磁层边界, 即磁层顶离地心8~11个地球半径, 当太阳激烈活动时, 太阳风增强, 磁层顶被压缩到距地心5~7个地球半径, 背着太阳的一面, 磁层在空间可以延伸到几百个甚至一千个地球半径以外, 形成一个磁尾, 磁围截面宽约40

个地球半径, 在磁尾中, 磁力线拉得很长, 反方向的磁力线取平行走向, 波阵面与磁层顶之间过渡区域称背鞘, 厚度为3~4个地球半径, 地球磁场俘获的带电粒子称为地球辐射带, 也叫范艾伦辐射带。"[7]（如图1-1）

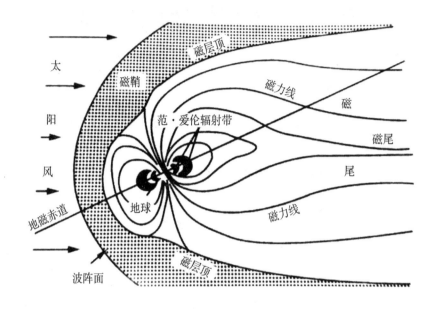

图1-1　地球磁层示意图

这是课本里的知识, 地球磁场范围如此之大, 磁气层远远地扩大到太空, 磁层顶一直阻挡着有强烈辐射的太阳风, 时刻保护着地球上所有的生命, 有着特殊的功能。现在磁场强度又为什么突然地减弱？看来目前寻找地磁场强度如何减弱的原因更为紧迫, 因为它关系到人类的生存。

一、从条形磁铁的磁性实验来推论地球磁场

"把一根条形磁体放进均匀堆放的细碎的铁屑里, 然后再拿出来, 你会看到两端吸起的铁屑最多, 越靠近中间部位吸的铁屑越少。"（如图1-2）

图1-2

"再把马蹄形磁体放进铁屑里，再拿出来，在开口的两端吸的最多，中间部位吸的最少，这说明两端磁性最强，中间磁性最弱。"[8]（如图1-3）

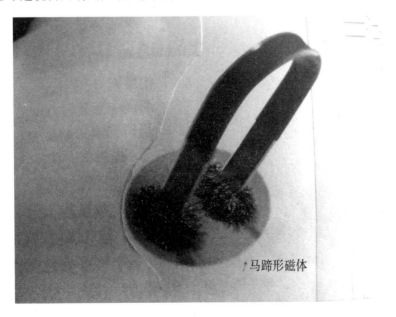

马蹄形磁体

图1-3

依据上面插图说明：磁性强，吸附的铁屑范围大一些，铁屑就多一些；磁性弱，吸附的铁屑范围就小一些，铁屑就少一些。

"地球像一个具有N—S极的大磁铁，像所有的磁铁一样，有一个磁场围绕着地球，叫做磁气圈。"[9]由书中知识来理解地球磁场：地球的两极磁场类似于条形磁体的两极，有N—S极，两极磁场最强。而赤道地区磁性弱，类似于条形磁体的中间部分，磁场最弱。地球整体显示两极磁场最强，赤道地区显示磁场最弱，这是从条形磁铁的磁性实验来推测地球磁场，并从中认识地球这个大磁体。

那么，这个地球大磁体的磁场强弱如何采用图示的方法来如何表达呢？科学家们普遍采用英国物理学家法拉第的力线概念来表达，法拉第给出了这样一个演示过程："让一根通电导线垂直地从一张白纸中穿过，并在纸上撒一把铁屑，这时，在纸上就会看到一道道有规律的线，组成一系列同心圆。法拉第把这些线称为磁力线，他首先引入了力线的概念。"[10]（如图1-4）

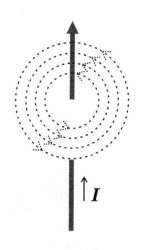

图1-4　法拉第的磁场力线示意图

现在引入力线的概念，再回到条形磁体的实验中，用磁力线来描述：

"这块条形磁体周围的磁力线，都是从N极出发，终止在S极上。在条形磁体的磁场范围内，从N极到S极，磁力线是流动的，磁力线的流动是闭合的，中间不会互相交叉。磁力线密集的地方，表示磁场比较强。磁力线稀疏的地方，表示磁场比较弱。"[11]（如图1-5）

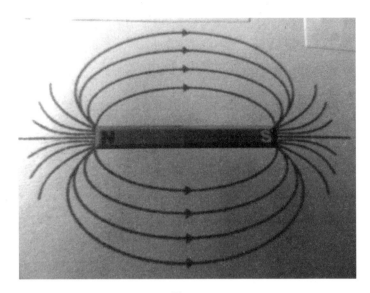

图1-5

由上面的图5条形磁铁力线图引用到地球磁场力线图中,用磁力线来表达。[12]
（如图1-6）

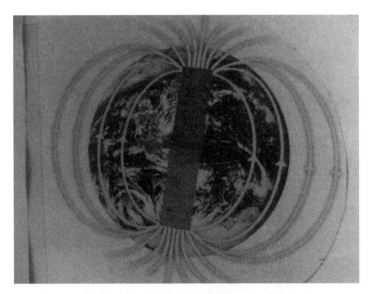

图1-6　磁北级在地理南极,磁南极在地理北极

本图由田战省编著的《身边的科学》一书中给出,这张图由条形磁铁力线图而
来,既而形成了地球磁场力线图,可以这样理解:地球磁场的磁力线类似于条形磁

体的磁力线，两极磁力线的流动应该也是闭合的，从磁北级发出多少根磁力线，经过空间后，中间不会丢失，又会回到磁南极，像条形磁体那样，磁力线不会交叉。两极磁场的强弱，也像条形磁体那样，由磁力线密度表现出来，磁场强，磁力线稠密，磁场弱，磁力线稀疏。在地球两极，两极磁力线密度最大，吸引力也最强，在两极磁场的互相吸引下，使闭合的磁力线会永不停息的在流动，并布满整个地球表面及广大空间，使地球表面整体显示出磁性。

在这里，对地磁场再作这样一点理解：这个广大的空间，应局限在近地空间，如对流层或平流层。如果远离地心，两极磁力线可能不再互动，不会是闭合的，可能是开放式的，这个开放后的磁力线可能被闭合循环的磁力线给吸引，仍在地球整体引力的吸引范围之内，可能存在磁力线被地球引力吸引，具有多层性和多样性或重复性。

现在地球总体磁场的磁性强度减弱，说明地球从磁北极发出的磁力线，不能全部回到磁南极，地球总体磁力线在流动的过程中，部分的磁力线已经"丢失"，造成总体流动的磁力线在减少。总体磁力线再没有像以前那样稠密，而是像现在这样稀疏，才导致地球磁场强度的总体减弱，这是本章的主要猜想课题。如果真是这样，那么磁力线又是如何"丢失"的呢? 展开下面的讨论。

二、安培电流的磁效应

对安培电流的磁效应作一些理解和推论，共有4点：

（1）当法国物理学家弗朗西斯·阿拉果（1786—1853）听闻奥斯特的电线和罗盘针的实验时，在法国科学研究院重复了这一实验，安培见证了当时的实验现场，并总结出："磁效应是电流循环流动的结果，当电线盘绕时，这一效应更为明显。"[13] 当一块软铁被放置在盘绕的电线上时，软铁立刻就变成了磁铁。

当电流从导线内流过时，会把软铁变成磁铁，这是电流从导线内流过时会产生磁的实例，安培把这个现象称为电流的磁效应。对本条（第1点）的理解是：当电流从导线内流过时，会把磁力线吸引过来，软铁把磁力线吸收，软铁被磁化，转变成磁铁。就像一块天然的磁石一样，同样被磁力线磁化，石头转变成磁石。被导线吸引过来的磁力线，应来自大地磁场，大地磁场的磁力线是流动的，充满地球上的任何空间和每一个角落。软铁转变成磁铁，实际是这块软铁把大地磁力线吸引滞留的结果。原因是电流吸引磁力线把大地磁力线滞留，才使软铁尽快吸收磁化。如果把软铁放置在某一地方，没有大地磁力线的滞留，只是自然地去磁化，像那块石头一样，同样被大地磁力线自然地磁化，只是需要更漫长的时间。

（2）"一根带有电流的电线能够产生一个磁场，此现象由法国物理学家安德烈·玛丽·安培（1775—1836）于19世纪20年代发现。"[14]对本条（第2点）的理解是：安培发现了通电导线周围有磁场发生，这个磁场同样是由大地的磁力线组成，大地磁力线部分被导线电流吸引，吸引后形成的这个磁场由图7给出。

（3）"在奥斯特发现电流的磁效应之后，法国物理学家安培对电流的磁效应作了深入细致的研究，他发现电流的磁效应的磁力线都是环绕电流的闭合曲线。对于直线电流，磁力线在垂直于导线的平面内，是一系列同心圆。"[15]（如图1-7）

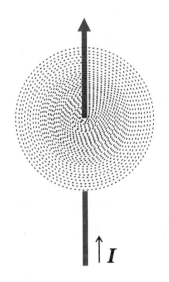

图1-7　安培导线电流的磁效应

垂直于空间的直导线，当电流流过时，磁力线在垂直于导线的平面内，是一系列同心圆。此图与上面法拉第的力线图完全相同，只是力线更稠密。磁力线的同心圆，同样以直导线为圆心，由近及远，一圈大似一圈地排列扩散，对本条（第3点）的理解是：直导线同心圆，由磁力线组成，这些磁力线，被导线电流所吸引，这些磁的力线从那里来,磁的力线同样源自大地磁场,大地表面及空间流动着磁力线,在这里磁力线是在围绕通电直导线做旋转运动,这个旋转运动应把它看作是磁力线的涡流运动。

(4)电流方向与磁力线方向之间服从右手螺旋定则——安培定则。

安培定则:"用右手握住导线,让垂直于四指的拇指指向电流方向,弯曲的四指所指的方向就是磁力线的方向"。[16](如图8)

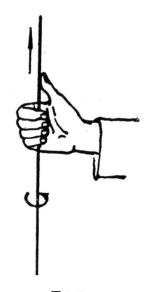

图 1-8

本条(第4点)的重点是:垂直导线的电流方向左右着磁力线的方向。

把本条的重点再延伸下去为:导线电流的方向制约着磁力线的方向,磁力线被导线电流吸引集中后形成磁场,这个磁场方向被导线电流方向所左右,这个磁场同样应把它看作是磁力线的涡流运动,磁力线同样源自大地磁场。

总结以上4点:

①软铁的磁化,是电流的磁效应。

②磁场的发生,是电流的磁效应。

③直导线的同心圆,也是电流的磁效应。

④安培定则,也是电流的磁效应。

这4条都有一个共同点,离不开磁力线,依据这4点,再做如下假设:

假设1：如果没有磁力线的存在，软铁是否还能被磁化？电流的磁效应是否还能发生？

假设2：如果没有磁力线的存在，直导线周围磁场是否还会发生？

假设3：如果没有磁力线的存在，直导线周围的同心圆是否还能形成？

假设4：如果没有磁力线的存在，安培定则是否存在？

假设5：磁力线从哪里来？

假设6：如果没有大地磁场，磁力线还能存在吗？

根据上面1至4条的假设，应该肯定的是：不能离开磁力线。

"磁力线从哪里来"？磁力线应来自大地磁场。

"如果没有大地磁场"，磁力线不能存在和形成。

通过以上论述，说明电流与磁力线密不可分，同时形成磁场，这都是安培总结的磁效应。

今天，全球电力生产在迅猛发展，由地球磁场强度的减弱，会自然而然地联想到了电能的开发和利用。在开发和利用的背后，是否还隐藏着更大的秘密？那么，今天地球磁场强度的减弱，是否与所架设的输电线路有关呢？

三、电力线路的磁效应

"自1870年比利时的格拉姆发明了第一台实用的发电机以来"，[17] 人类真正实现了利用电能的愿望，在世界各国的经济建设中，起到了主力军的作用，至今已有145年的历史。

如今，在世界各国，一座座发电厂的建造，一台台发电机组的安装，一条条输电线路的架设，像雨后春笋般出现在大地上。

图 1-9

从低压到高压,到超高压,到特高压,大大小小,高高低低,长长短短的输电线路,像蜘蛛网一样,架设密布于地球表面。(如图1-9)

这些无数条的输电线路,要流过无数安培的电流,当这些无数安培的电流从输电导线流过时,会产生出什么样的效应呢?现在就依据上面这几条来进行试解。

架设于空间的输电线路,当电流从导线内流过时,依上面论述,它吸引作用于大地磁力线,会有无数看不见的磁力线在围绕导线周围作旋转(涡流)运动,见图1-10。

电力线路的磁效应

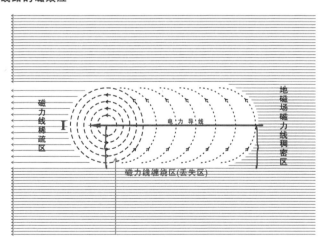

图 1-10　导线磁场截面范围示意图

依据第二条，一根带有电流的电线能够产生一个磁场：

当这根电线有电流流过时，这根电线周围就会形成一个磁场，这个磁场应由磁力线组成，磁力线应来自大地磁场。这条输电线路如果配有2根输电导线，当电流流过时，这2根输电导线同时都有磁场，这条输电线路就已经发生了2条磁场。如果这条输电线路架设了3根或3根以上电线，这条输电线路就架设发生了3根或3根以上的磁场，以此类推。

依据第三条，对于直线电流，磁力线在垂直于导线的平面内，是一系列同心圆。

解图10：驾设于空间的直导线，当电流流过时，磁力线在垂直于导线的平面内，是一系列同心圆，磁力线的同心圆，以直导线为圆心，由近及远，一圈大似一圈地排列扩散。形成这样一系列的同心圆，要有一定的物质基础，这个物质基础应来自大地磁场，由地球磁力线供给，这是通电导线身上所发生的磁效应，也是法拉第力线的演示过程。

依据第三条，对于电力线路来说，当它有磁场发生时，会有两个磁场范围，一个是导线平面磁场范围，另一个是导线长度磁场范围。下面对这两个磁场范围作一论述，并把力线加入进去。

1. 平面磁场力线范围

平面磁场力线范围，是以通电导线为圆心，把磁力线吸引，磁力线从里向外一圈大似一圈排列扩散，从小圈到大圈，形成许许多多的同心圆，并垂直于直导线，组成一个平面磁场力线范围（图1-10）。这个平面磁场力线范围的大小，是与这条导线电流的大小有关，电流大，吸引磁力线就多，磁场范围就大，由磁力线组成的大大小小的同心圆就多；电流小，吸引磁力线就少，形成的磁场范围就小，由磁力线组成的大大小小的同心圆就少。导线电流的大小，决定着这条导线吸引磁力线的多少。在这个磁场平面范围内，空间流动的磁力线会被导线电流自然地吸引，并缠绕在导线周围运转，这种运转是磁力线平面磁场运动，把它看作是平面磁场涡流运动。

2. 长度磁场力线范围

长度磁场力线范围的长短大小，是根据这条导线的长度（也是电场的长度）而定。比如，这条导线有百米长，磁场范围自然会延伸至百米；有万米长，磁场范围自然会延伸至万米；有百万米长，磁场范围自然会延伸至百万米长。磁力线在这个导线长度范围上，会被导线电流自然地感应并吸收，就会自然地形成了一个长长的磁场，这条长长的磁场自然地带有两个运动方向：一个运动方向是平面磁场力线环绕导线做圆周运动。另一个运动方向是平面磁场力线跟着电力导线电流一起做同步移动，形成整条电力线路磁场力线运动，整条电力线路磁场力线运动，把它看作是长度磁场涡流运动。

3. 导线磁场随着导线电流从发生到消失

电力线路的电流流动与磁场移动是这样的：

（1）从发电厂发出的电流通过输送导线开始流动，设为A点，输送到用电设备后电流消失，设为B点。

（2）磁场移动也是随着导线电流从A点开始移动，移动到B点随着导线电流的消失而消失。

（3）电力导线的电流从A点开始源源不断地流动到B点，进入到用电设备后消失。

（4）磁场也是随着电流源源不断地从A点开始移动，移动到B点，进入到用电设备后消失。

磁场随着电流从A点开始发生，又随着电流从B点消失，随之发生，随之消失。在这条电力导线身上，始终流动消失着电流，也始终吸引缠绕着磁力线，始终发生消失着磁场。

4. 截流

这是一条长长的直导线，在这条长长的电力导线身上，缠绕着无数多的磁力线，把磁力线聚集，形成一条长长的磁场，此时：

（1）这条电力线路好比是在空中建造的一座长形的磁的力线库，把两极正常流动的磁力线拦截，形成磁场后缠绕在自己身边。同时磁场又源源不断地随着导线电流的移动和流出而消失。

（2）这条电力线路又好似一张无形的"粘网"，把正常流动的磁力线粘住并旋转滞留。

（3）这条电力线路还好似在空中架设的一条"捕磁器"，把正常流动的磁力线捕捉。

总之，这条电力输电线路的磁效应已经发生，就是导线电流对地球磁场磁力线的正常流动产生了截流,此时这条电力输电线路自然具备了两个功能:一个是输送电流的功能,另一个是截流磁力线的功能。只要电流在导线内流动,就有磁场在导线外形成,这条输电线路已成为双功能线路,已成为截流磁力线线路,应叫它截流磁力线线路。

这条电力线路发生磁效应的过程,也是地磁场磁力线"丢失"的过程。在这个丢失过程中,电力线路在架设的方向上与用电区域(用户)密切相关。线路根据用户所在区域的方向而架设。比如发电厂发出的电流通过电力线路会源源不断地输送到城市,输送到农村,输送到工厂,输送到矿山,输送到油田,输送到海港,在方向上,或东西,或南北,或更多方向,四通八达,电力线路会朝着这些方向去架设。而电力线路产生的截流效应相对于磁力线流动的方向上是任意的,不受任何的约束:

(1)或与地磁场磁力线的流动平行。(见图1-11)

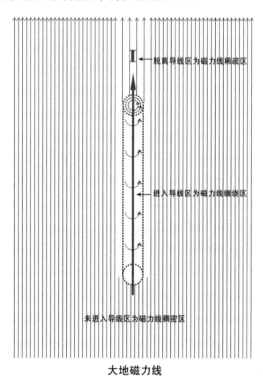

图 1-11 磁力线与导线平行示意图

(2)或与地磁场磁力线的流动呈倾斜角度。(见图1-12)

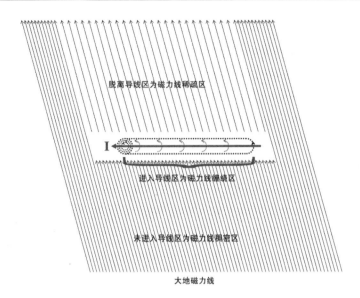

图 1-12 磁力线与导线倾斜示意图

(3)或与地磁场磁力线的流动成垂直角度。(见图1-13)

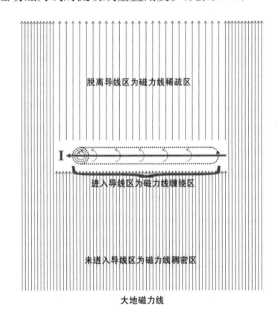

图 1-13 磁力线与导线垂直示意图

(4)相对于地磁场磁力线的流动,通电线路在架设的高度上也是任意的,随着电压的大小会或高或低。

总之，只要有电流通过，这根直导线就会自然地把地磁场磁力线吸引过来，围绕电流导线运转并随之形成磁场。虽然电力线路在架设的高度上和方向上各有不同，但截流磁力线的自然功能是相同的，形成磁场的自然功能特性也是相同的，不管地磁场磁力线的流动方向如何，这条输电线路的截流效应自然就会发生，磁场就会自然形成。

地磁场在两极磁力线闭合的整体流动下，整体磁力线在流动的中途被截流被分流，这个被截流和被分流，相对于整体磁力线总的流动而言，不再跟随整体磁力线流动，而是跟随电力导线在做涡流运动：

（1）一边围绕通电导线做旋转流动。

（2）一边沿着通电导线的长度在做移动。

依据上面分析，应得出这样一个结论：

从磁北极发出的磁力线不能全部再回到磁南极，一部分磁力线已经被电力线路留住。说明总体磁力线在流动的过程中已经被截流和被分流，在这个被截流和被分流的过程中，意味着总体磁力线已经在"丢失"。对总体磁力线而言，这种截流效应也应是一种丢失效应，因为这种截流效应会使总体磁力线变得稀疏，如果长期截流下去，总体磁力线会变得长期稀疏下去，这是单条电力线路对总体磁力线正常流动所发生的截流效应。如果把这种效应累加起来，从第一条电力线路的架设，随之到第一条磁场的产生，随之到第一条电力线路截流效应的发生，随之到总体磁力线的减少。再到第2条电力线路的架设，随之到第2条磁场的产生，随之到第2条电力线路截流效应的发生，随之到总体磁力线的减少。以此类推，这样一条一条输电线路的架设，一条一条磁场的产生，一条一条截流效应的发生，到百条，到千条，到万条，到几十万条，到百万条，到无数条。目前，长长短短、高高低低、大大小小的电力线路已经密布于北半球，它所发生和建立起来的大大小小的磁场，全部累加起来，是一个庞大的数字，是一个无法统计的数字。这一数字所发生的大大小小的截流效应，大大小小的丢失效应，造成总体地磁场磁力线的丢失和减少，总体地磁场磁力线的稀疏，是无法估量的，同时也造成了地磁场整体强度的破坏，和地磁场总体强度的减弱。

以上主要围绕安培电流的磁效应,结合地磁场磁力线而论述,未加入进电场。在以后长期的研究中才有了电场的概念,"电子的电量为1.602×10^{-19}库,这是基本电荷"。[18] "通过长期的研究,人们认识到电荷的周围存在着一种特殊形式的物质,叫做电场"。[19]电子具有基本电荷,基本电荷具有基本电场。

"电荷间的相互作用就是通过电场发生的。例如,甲电荷对乙电荷的作用,是甲电荷产生的电场对乙电荷的作用;同样,乙电荷对甲电荷的作用,是乙电荷产生的电场对甲电荷的作用"。[20]基本电荷之间的相互作用是通过基本电场发生的,也应该是甲电子与乙电子之间的相互作用是通过自身的基本电场发生的。

"电场对电荷的作用叫作电场力,或叫电力。"[21] "因此电流的形成,必须要有迫使电荷做定向移动的电场。"[22]如果迫使电子电场做定向移动,就会有电流形成。如何迫使电子电场做定向移动形成电流呢?电由发电厂发出,经过变压器升压,进入线路导线,这时导线是带压的,称为高压线,这时电子电场在高压的迫使下,使电子(电荷)作定向的移动,形成电流,进入工厂和城市,这是电场力的作用。电流在导线内流时,电子(电荷)伴随着电场。由于发电厂发出的电是源源不断的,电子(电荷)的流动是源源不断的,电场的流动也应是源源不断的,这根输电直导线就形成了整条电场。

"英国物理学家麦克斯韦(1831—1879)于1863年创立了统一的电磁场理论。麦克斯韦在电流产生磁场的实验基础上,研究了电容器充、放电时电流产生磁场的现象,认为变化的电场如同电流一样也在它的周围产生磁场。"[23]电场产生磁场像电流产生电场一样,是变化的。安培的实验过程是针对电流的磁效应,麦克斯韦在这一实验的基础上,加进了场的概念,注重了变化的电场与变化的磁场之间的实验。一般发电厂发出的电都是交流电,在所架设的电力线路内流动的是交流电,那么交流电所产生的电场是不是变化的?在电工学中,对交流电有这样几点定义:

(1)通常把大小方向随时间变化的电流、电压、电动势分别称为交变电流、交变电压、交变电动势,统称为交流电。

(2)交流电是按正弦规律变化的,故称为正弦交流电。

(3)交流电是周期性变化的。

(4)交流电的大小时刻在改变,在某一瞬间的数值称为瞬时值。

（5）交流电的瞬时值有正有负，瞬时值的正负是表示交流电方向的变化。[24]

在以上几点定义中，在这条电力线路身上电流的流动是变化的，那么电场也应是随着电流流动的变化而变化，这条电力线路的电场是变化的，在它周围所发生的磁场，这个磁场也应是变化的。

以上从电流的变化到电场的变化，从电场的变化再到磁场的变化，依据麦克斯韦理论，这条电力线路已经发生着变化的电场，同时又发生着变化的磁场，这个变化磁场的物质应是地磁场磁力线物质。

四、与线路磁效应相关的问题

1.导线磁场消失后磁力线的去留问题

有这样两点：

（1）这个磁场伴随着导线电流一起移动到终点时，会与电流一起进入到用电设备。例如在冶炼行业中，有各种各样的冶炼炉会把各种各样的矿石熔化。尤其使用大型的电弧炉，电极与炉料之间放电产生电弧，采用电弧发出的热量来冶炼，温度在2000℃以上。当磁场伴随着电流进入到这些炉子后，磁性会瞬间消失，（依据居里温度标准，在760℃时，物质的磁性不会存在）磁场会源源不断地流进，磁力线会源源不断地消失，流进多少，会消失多少，磁力线不再存在。

上面是导线磁场随着电流的流动而移动，随着电流的消失而消失。从A点磁场随之建立，到B点磁场随之消失。

（2）除此之外，用电设备最多的应该是无数多的电动机。大大小小的电动机在世界各地遍布，每个工厂和家庭（家用电器）也是磁场范围的终点。当这个导线磁场随着电流到达电动机终点时，随着电流的消失，磁场也随之消失，但磁力线不会消失，因为电动机的运转温度为30～50℃，还远远达不到磁性消失的居里温度（760℃），磁力线又会回到空间。当再回到空间后，有这么3种可能：

①有可能回归自然磁场，随着总体磁力线一起流动。

②有可能又会被电力导线电场感应并利用，形成新的循环磁场。

③当磁场随着电流进入到用电设备（如电动机）后，磁力线会被电动机利用，形

成电动机磁场。

综合上述两点,如果温度高于居里温度,如使用大型用电设备时,这一过程是:这条通电导线身上缠绕多少磁力线,到达终点后,就会消失多少磁力线。电力线在不断地缠绕,磁力线在不断地消失,总体磁力线在不断地丢失和减少。

如果温度低于居里温度时,如使用无数的电动机、无数的家用电器等设备时,这一过程是:电力导线缠绕多少磁力线,就会截流多少磁力线,同时对整体磁力线而言,就会减少多少磁力线。虽然这些减少的磁力线不会消失,但对整体磁力线的正常流动构成了干扰,同时减弱地磁场强度,对整体地磁场强度而言,同样是磁力线消失后的结果。

2. 电力线路的危害性

(1) 消耗磁力线,使磁力线消失,造成地磁场总体磁力线的减少,从而使地磁场的总体强度减弱。

(2) 截流磁力线,整体正常流动的磁力线的一部分被留了下来,使整体流动的磁力线出现了分流,使整体正常流动的磁力线变得稀疏,不再那么稠密,同时也使地磁场的总体强度减弱,这是电力线路对地磁场磁力线所产生的自然截流效应造成的。

(3) 被截流的部分磁力线围绕导线运转,形成并产生了磁力线的涡流运动,涡流的形成,会对地磁场磁力线正常流动造成干扰,这个干扰是不同程度的。上面对平面磁场力线范围和长度磁场力线范围给出了论述,依据这个论述,导线电流的大小,决定着这条导线磁场力线范围的大小,比如:

特高压线路的磁场范围(包括长度磁场范围)要大于超高压线路的磁场范围,线路的磁场范围大,形成涡流流动的范围就大,同时干扰正常流动的磁力线的范围也大。

超高压线路的磁场范围(包括长度磁场范围)要大于高压线路的磁场范围,磁场范围大,形成涡流流动的范围就大,同时干扰正常流动的磁力线的范围也大。

高压线路的磁场范围(包括长度磁场范围)要大于低压线路的磁场范围,磁场范围大,形成涡流流动的范围就大,同时干扰正常流动的磁力线的范围也大。

尤其特高压线路和超高压线路的涡流流动,可能会最大限度地阻碍着地磁场磁力线的整体正常流动，无论从线路的长度范围还是围绕导线的直径范围，都要大于其他电力线路，发生干扰的范围程度会更大。

3. 线路下地面磁场在增强

这条输电线路可能还有另外一种功能，它截流的磁力线可能又被大地磁场所吸收，具有转运传导输送的功能。当一条条输电线路架设于地面之上时，自然会带上一定范围大小不等的磁场，电压高，磁场大；电压低，磁场小，这么多高低压不等的一条条输电线路都满身带着磁气，它穿过平原，穿过山区，到达目的地。在它穿过这些平原和山区时，平原和山区的地下是一个个大小不等的磁场，磁性强，磁场大，磁性弱，磁场小，因为这些平原和山区是属于大地的一部分，这些一个个大小不等的磁场，是属于大地磁场的一部分，这些一个个大小不等的磁场，当导线磁场穿过时，推论如下：

当输电线路穿过平原和山区时，导线本身磁场会遇到来自地下大大小小不等磁场强度的吸引，这些地下磁场的强度或者大于输电线路的磁场强度，比如在某一区域地下磁场强度，或者大于特高压线路的磁场强度，比如在某一区域地下磁场强度，或者大于超高压线路的磁场强度，比如在某一区域地下磁场强度，或者大于高压线路的磁场强度，比如在某一区域地下磁场强度，或者大于低压线路的磁场强度。这些大于输电线路磁场强度的地下磁场，它的引力会把线路上缠绕的磁力线吸引过来，就好像大小两块磁铁，大磁铁总是先把小磁铁吸引过来。输电线路的磁场虽然是旋转运动的，但被线路塔架固定，输电线路磁场从宏观上看应是固定不动的。可缠绕导线的磁力线是流动的，地下磁场会把磁力线给吸引过来，纳入自己磁场的势力范围。此时，这些导线磁场瞬间转变成了供给磁场，它把正常整体流动的磁力线给截流了下来，同时供给了地下磁场，这些地下磁场，通过线路得到了来自空间范围磁力线的供应，使地面磁场局部增强。

上面是输电线路架设于平原和山区的上空时自然会发生的一种现象，是来自地下磁场的索取。无论是特高压和超高压输电线路，还是高压和低压输电线路，只要是电力线路从上面经过，满身的磁力线都会自然地被大地磁场吸收，这些输电线路一边供给大地磁力线，一边又去吸收空间磁力线，这么多输电线路又变成了一条条输磁的线路，变成了一条条供给大地磁力线的线路，在这里这条导线身上无意间又具有了一种功能——转运输送磁力线。

4. 地磁场减弱与利用电能的时间相吻合

美国地球物理学家布罗·西汉姆的报告认为, 地球磁场正在不明原因地迅速减弱, 在过去的160年中, 磁场强度令人吃惊地减少了10%。依据这一报告, 今天地磁场总体强度的概况是随着时间的推移, 呈逐年递减的趋势。今天, 电能的开发和利用仍然处在上升阶段。自1870年比利时的格拉姆发明了第一台实用的发电机以来, 从这一时期算起, 人类普遍利用电能的时间已经有了145年的历史。一边是地磁场的强度在递减, 一边是电能的利用在递增, 这一增一减, 它是否说明了什么? 它俩是否存在着一定的因果关系? 比如人类利用电能的历史与地磁场减弱的时间相吻合, 如果真是这样, 可以这样预测, 再用145年的电能, 再递减10%, 到那时, 地磁场的总体强度将减少20%左右。从今天人类对电能的开发和利用的趋势来看, 在那时或许会大于20%这个数字。

5. 屏蔽

如果以上推论是正确的, 可建议这样2点:

(1)给电力导线穿上"衣裳"。

在通往城市和工厂的主干线路上, 电力导线往往是裸露的, 是不"包裹"的。但现在出现了新的情况, 可能会涉及人类的生存, 弊大于利。导线一定要包裹, 包裹的目的是为了屏蔽电力导线电流的自身电场。电子具有基本电荷, 基本电荷具有基本电场, 再结合麦克斯韦电场可产生磁场的理论, 如果给电力导线穿上"衣裳", 就可避免这根导线电场与外界空间磁力线发生联系, 就可避免这根导线电场发生电流的磁效应, 就可避免这根导线电场有磁力线环绕电流的闭合曲线, 在这根导线自身外围的平面内, 不再出现一系列同心圆, 这应是对今天裸露的电力导线屏蔽的主要目的。

(2)对电力线路的改造要因地而宜。

在通往城市和工厂的主干线路上, 根据地形地貌的不同, 可采用地上或地下, 尽可能多地以电缆的形式敷设于地下。

以上两条建议可消除电力线路的磁效应, 使大地磁力线不再被截留或磁力线的总量不再被减少, 从而再恢复到两极磁场整体原来流动的量。有了两极磁场整体原来流动的量,可增加大地磁力线整体流动的稠密性,可消除大地磁力线流动的不均匀性。稠密性能使地磁场整体强度增加,均匀性不再有局部地区的减弱。

参考文献

[1] 张九庆. 奇妙的时间. 北京: 北京理工大学出版社, 2009.

[2] 同[1].

[3] 萨龙德拉·弗马. 打开科学之门. 喻孝红, 王炜, 娟子译. 长沙: 湖南科学技术出版社, 2010: 15.

[4] 新浪科技讯, 2013–12–13.

[5] 腾讯科技讯, 2008–09–30.

[6] 余明. 简明天文学教程. 北京: 科学出版社, 2007: 251~252.

[7] 同[6].

[8] 田战省. 身边的科学. 西安: 陕西科学技术出版社, 2004: 65.

[9]《地球漫步》编写组. 地球漫步. 西安: 未来出版社, 2000: 170.

[10] 田战省. 身边的科学. 西安: 陕西科学技术出版社, 2004: 66~74.

[11] 同[10].

[12] 同[10].

[13] 萨龙德拉·弗马. 打开科学之门. 喻孝红, 王炜, 娟子译. 长沙: 湖南科学技术出版社, 2010: 67.

[14] 罗伯特·所罗门. 打开数学之门. 徐燕峰译. 长沙: 湖南科学技术出版社, 2010: 122.

[15] 工科中专物理教材编写组. 物理(第3版,下册). 北京: 高等教育出版社, 1995: 77.

[16] 同[15].

[17] 田站省. 身边的科学. 西安: 陕西科学技术出版社, 2004: 83.

[18] 工科中专物理教材编写组. 物理(第3版,下册). 北京: 高等教育出版社, 1995: 2.

[19] 工科中专物理教材编写组. 物理(第3版,下册). 北京: 高等教育出版社,

1995: 7.

[20] 同[19].

[21] 同[19].

[22] 工科中专物理教材编写组. 物理（第3版，下册）. 北京：高等教育出版社，1995: 131.

[23] 工科中专物理教材编写组. 物理（第3版，下册）. 北京：高等教育出版社，1995: 130~131.

[24] 上海市第一机电工业局工会. 电工. 北京：机械工业出版社，1973: 56~57.

第二章　地磁场两极会翻转吗

"科学家们根据在世界各地的矿物岩石中找到的大量证据, 发现地球磁场在过去400万年内已经转过9次, 而在过去1.5亿年和更久远的时期, 地磁场曾在南北方向上反复发生过几百次翻转现象。从地质记录来看, 地球磁场平均大约每25万年翻转一次, 但是这种规律并不明显, 如在白垩纪的3500万年间, 就没有发生过磁场翻转, 上一次所需的时间是在78万年前。每次地球磁场两极翻转过程所需时间大约为7000年, 但随纬度不同存在一定差异, 在接近赤道的区域只要2000年, 而在接近南北极的区域需要1.1万年。" [1]

从以上数字看到了地球磁场翻转的次数和间隔的时间, 地质熔岩记录着过去磁力线的走向, 这些数字和走向是从冷却封存后的熔岩中得到的, 看来这种现象在地质史上是一直普遍存在的。下面参与地磁场翻转的讨论。

我们的地球, 是一个大的磁体, 今天地磁场的势力范围, 是从外磁场磁层顶一直推至地心。"磁层顶离地心8~11个地球半径, 从地球至磁尾延伸到几百个甚至1千个地球半径, 磁围截面宽约40个地球半径。" [2]这是非常大的磁场范围。(见图1-1)

下面对地球磁力线示意图(图1-6)再作进一步理解: 在这个插图中可以看到磁力线流动的方向(箭头所指方向), 依据这样一个流动方向, 可以理解为磁力线由地理南极出, 经过空间后进入地理北极, 然后从地理北极出来, 通过地下和地面以上一定高度范围到达地理南极, 再从地理南极到达地理北极, 形成磁力线循环流动。在这里地理北极到达地理南极应有一定区域范围的磁力线走向, 地下与地上应为同向, 就是地下岩石磁力线走向和地上指南针指向应为同向。

地质学家根据记录下来的磁力线岩石指向, 去寻找发现地壳运动的变迁。同时又依据这些反方向的岩石指向记录发现了地磁场已经翻转, 就像开头讲到的那些数据。在这里提出以下问题：

一、是两极磁场翻转，还是大陆漂移

地磁场翻转是由地质岩石记录了下来，这些有记录的地质岩石曾经是由炽热的岩浆冷却而来。这些炽热的岩浆内部含有各种矿物金属元素，如果含有铁分子元素，它就好像一个个小指南针（小磁针），当岩浆冷却下来后，这些小磁针被岩浆冷却固定，不再发生变化，这样其南北极性指向就记录了当时地球磁场的方向。地质学家们从海底和陆地找到了大量的地质岩石记录，经研究发现，小磁针当时指向与现在地磁场方向相反，所以地质学家认为，地球磁场曾经发生过翻转。研究人员又把有记录的地质岩石进行了年代测定，确定了两极磁场翻转的时间，从几亿年至几千万年，从几百万年至几十万年，从几万年至几千年，翻转年代的时间各有不同。这些年代的时间已经久远，不可能把当时记录的过程再现，只有去推测再现。可能存在这样两种状态：1. 存在最理想状态；2. 存在最不理想状态。首先来推测存在最理想状态。

1. 存在最理想状态

首先熔岩的冷却是从高温到低温，从液态到固态，在这一岩浆冷却过程中，岩浆处在流动或移动之中，然后慢慢再停下来。停下来时岩浆呈固态，同时小磁针的指向也被固定，这时小磁针的指向与地磁场的指向在一定的角度范围之内，或与地磁场同向，或与地磁场反向，或与地磁场处在任意角度之中，这是小磁针与地磁场对应的自然角度，也是这片岩浆凝固后的自然角度。这片岩浆有一定的宽度和长度，在宽度和长度的方向上，这片岩浆所处的地理位置，或东西，或南北，从经度到纬度，也在任意角度之中，也是这片岩浆所处的自然地理位置。它与这条山脉成为一体，与山脉所处的板块成为一体，这条山脉不会再有移动，板块不会再有移动，从几十亿年至几亿年，从几亿年至1. 5亿年，从1. 5亿年至几千万年，从几百万年至几十万年，从几万年至几千年，这片岩浆区域一直保持到现在，不会再有移动。如果是这样，小磁针所指当初方向是正确的，地质岩石记录是正确的，地磁场翻转是对的，这是所推测应是最理想的一种状态。

那么不理想又是一种什么状态呢?

2. 存在最不理想状态

熔岩的冷却过程从高温到低温,要需用一定的时间,在这一时间段内,岩浆处在流动或移动之中,会受到地形地貌的制约,会顺着地形地貌去流动,或东西或南北。这条岩浆流或这片岩浆流被固定在这条山脉后,经过漫长的时间,小磁针有可能还会被改变方向。例如火山喷发往往伴随着地震,在几千年、几万年、几十万年或几百万年内,这条山脉有可能会发生地震,或一次,或多次,会使这条山脉移动,有类似这样记录的熔岩山脉,都有可能会发生过地震,或一次,或多次,则小磁针的指向是不固定的。从几十亿年前开始至几亿年,从几亿年至1.5亿年到现在,可能小磁针的方向不知要改变过多少次。

从德国气象学家魏格纳的大陆漂移学说,到板块运动理论,地质学家已把地壳划分为六大板块,即太平洋板块、亚欧板块、印度洋板块、非洲板块、美洲板块和南极洲板块,在六大板块内又分为中小板块,在中小板块内,又被地质学家划分为碎片区,在碎片区里,有的几百千米到几十千米,使得地质岩石东一块西一块,没有一块是不动的。这些有记录的地质岩石样本就在六大板块区内,在中小板块区内,有可能就在碎片区内,这是存在最不理想的一种状态。

存在最不理想的状态完全否定了存在最理想的状态,即使当初记录是正确的,也会被这些碎片区改变了方向,不能与当初地磁场方向同向。即使当初碎片区不会改变方向,也会被中小板块区改变方向。即使中小板块区不会改变方向,也会被六大板块区改变方向,最终原始记录已被改变方向,已不能正确记录下当初两极地磁场极性的方向。

由地质岩石的记录去解释地磁场翻转的事实,还缺少一定的依据。当初地面以上磁场的流动方向(指南针所指方向)如何?是否与当初地面以下岩石记录的方向同向?还有,广大空间磁场的流动方向与地下磁场的流动方向如何?广大空间磁场的范围占了地球磁场的绝大部分。如果要去解释地磁场翻转的事实,就要有地面以上磁场的流动记录和广大空间磁场的流动记录来做佐证。在同一年代,地下翻转地上也相应地在翻转,上下流动方向始终保持一致,如果有这样的证据,由地质岩石的记录去确定地磁场翻转的事实是正确的,既有地下的,又有地上的，和广大空间的，这样的证据最理想。但地面以上和广大空间流动的证据无法被记录下来，现在还是依据过去地质岩石的变迁记录，与今天地球磁场流动的主流方向进行对照，来确定地磁场翻转的事实。这个事实好像是只有一只翅膀的鸟在扇动，还缺少另一只翅膀，所以这是一只不能起飞的鸟，这个事实不能成立。

由地质岩石的记录去解释地磁场翻转的事实，与德国气象学家魏格纳的大陆漂移学说发生对立，这些翻转的板块由大陆漂移造成，才使岩石的记录翻转，当你发现这些地质岩石时，磁场极性正好反向。这些翻转的碎片区记录，翻转的中小板块区记录，移动的六大板块区记录，对大陆漂移而言，恰恰是最有力的证据。这些岩石的记录如果永远地定格在那里，从地球形成一直记录到现在，它的记录是真实可靠的，如果没有这样可靠的岩石记录，就不能证明两极磁场翻转的事实的。所以，要么两极磁场翻转的事实存在，定格在那里的岩石记录不再移动，永远存在；要么大陆漂移学说成立，大陆永远在漂移。如果专门去寻找发现和搜集这些磁极反向的地质岩石，应该会有很多，在碎片区里有，在中小板块区里有，在六大板块区里有，到处会留下它的踪迹和烙印，大陆漂移与磁场翻转，二者必居其一。

二、地轴的夹角问题

依据地理课本知识，地球总是围绕着自己的轴在不停地旋转，这是一个假想的轴，称为地轴，地轴通过地心，连接地球两极，它总是侧着身子环绕太阳旋转，即地球自转轴与公转平面（黄道平面）之间有一个23.5°的夹角，而且这个夹角在地球运行过程中是不变的，如图2-1。[3]

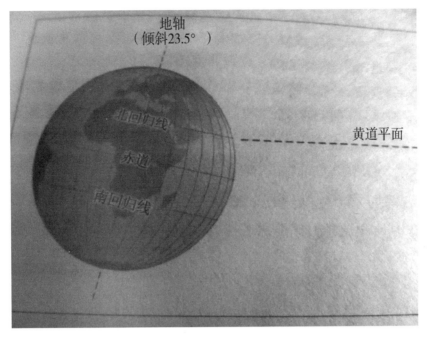

图 2-1

为什么会有这样一个角度,它应与太阳的引力有着直接的联系。比如 "一般的行星都是侧着身子绕日运动,它们的自转轴和公转轨道面全都近似垂直,有一点小的倾斜,地球为23.5°,火星24°,木星3°,土星27°,这正是引起季节变化的原因。可是天王星的自转情况则与众不同,天王星的自转轴与公转轨道平面近乎平行,仅有2°的夹角,实际上天王星是躺在它的轨道面内旋转的"。[4]这么多的行星与太阳有着一定的夹角,各种不同的夹角应该和每颗行星的质量和大小磁场有着一定的联系,比如地球磁场,"磁层顶离地心8~11个地球半径,从地球至磁尾延伸到几百个甚至1千个地球半径,磁围截面宽约40个地球半径"。如此大的磁场范围与太阳有着一定的联系,在太阳的引力与地球磁场相互作用下,把地球的自转轴角度锁定在23.5°,来围绕太阳运转。

1. 两极有了极昼和极夜才造就了低温

地球的自转轴与公转轨道面为23.5°,使得地球形成了极昼和极夜。当两极出现极昼时,在一天24小时内,太阳刚出地平线,总是挂在天空,光线是斜射的,并不强烈,而且照射的阳光被冰面返回,很微弱。在南极:"俄罗斯佛斯塔可研究站测得夏季平均气温是−33℃。"[5]在北极："夏季仅7、8两个月,最暖的8月气温也只有−8℃。"[6]

当两极出现极夜时,在一天24小时内不见太阳的踪迹,四周一片漆黑,时间可长达半年之久,使得温度会更低。在南极："佛斯塔可研究站曾测到过最低气温是−89℃。"[7]在北极："可测得最低气温是−70℃。"[8]

2. 为什么两极磁场磁性强度最大

(1)两极有了极昼和极夜这一奇特的自然现象后,又会产生哪些效应呢?

在地球两极有着强大的磁场,同时对应着地球上极低的温度;在地球赤道和两侧有着最弱的磁场,同时对应着地球上极高的温度,温度一高一低,磁场一强一弱,说明高与弱、低与强有着一定的关联。根据居里温度,"磁性物质在760℃时,物质会失去磁性,这是法国物理学家居里夫人的实验结论"。[9]依据这一实验结论去理解,温度越高,磁性越弱,直至磁性消失。如果逆向思维去理解,温度越低,磁性会越强,磁性物质随着温度的下降而增强。下面以图示的方法作一试解。(如图2-2)

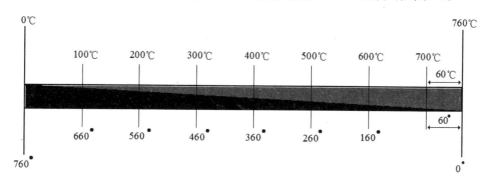

图 2-2

这是一条居里温度线,灰色部分表示温度,黑色部分表示磁度。从0℃起点止于760℃终点,温度是从低到高,并标出数字。在止于760℃终点处,磁物质磁性消失为0,设为磁度(磁性)0点,是温度最高点,正好对应磁度0点。用逆向思维去理解:正好磁度0点应是磁性物质的起始点,从这里开始一直到这条线上的温度0℃点,在线的下面并标出数字,从磁度0点(760℃温度点)开始反向至760磁度点(温度0℃点),同样是从低到高,与温度呈反向,每一格温度点对应一格磁度点,因为每一格内应含有一定的磁性,就设定为磁度点,一格温度点对应一格磁度点。磁度点符号如何表示呢? 与温度表示符号类似, 把数字右上角的0改为点, 就是图中表示的那样。理由是, 把温度数字右上角的0一直冷却凝缩成一个点●, 表示从高温到低温的意思, 从0空心符号收缩至无空心的实心点, 就把这个磁度点符号设定为一个实心圆点●。

在这条线上, 依温度点反向划分了760个点, 可以看出这是一条组合线, 既是温度线, 又是磁度线。对磁性物质而言, 温度的高低决定着磁度点的高低, 温度点越高, 磁度点越低, 温度点越低, 磁度点越高, 它们之间是互为反比的关系。现在把这条线继续延长至零度点以下, 一直延长至零下—273℃点。(如图2-3)

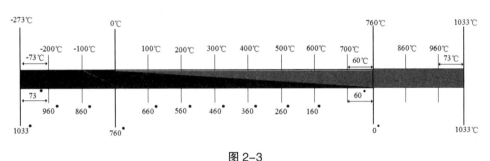

图 2-3

在这条延长线上, 当温度点降到零下—273℃时, 温度线不再延长。此时的磁度点应为1033●(760●加上273●等于1033●)个磁度点。在这条线上, 反方向的磁度点没有负点, 只有正点和零点。

(2) 现在依这条组合线的理念给两极磁场定位——两极磁场最强。

地球上南北纬66° 33′ 的两条纬线圈, 在南半球的称南极圈, 在北半球的称北极圈, 南极圈以南是南寒带, 北极圈以北是北寒带, 两极地就处在寒带内, 终年冰雪天地。

在南极地区, 平均温度为—33℃左右, 可对应793●个磁度点。"在北极地区, 平均气温为—20℃至—40℃"。[10]二者温度相加平均后为—30℃, 为一个低温测度点, 可对应790●个磁度点。在赤道地区平均温度是27℃, 正好可对应733●个磁度点。"在大陆地区平均温度是22℃"。[11]可对应738●个磁度点。

在南极地区比赤道地区高出60●个磁度点, 比大陆地区高出55●个磁度点, 在北极地区比赤道地区高出57●个磁度点, 比大陆地区高出52●个磁度点。从这些数字可以看出,两极地区温度点最低,成就了磁度点最高,磁性最强。大陆地区次之,赤道地区温度点最高,成就了磁度点最小,磁性最弱。在这条组合线身上,它说明了两极磁场强度最强,大陆地区次之,赤道地区最弱。地球这么大,在这条组合线身上,同时体现了两极磁场偏偏就选在这样一个地理位置上的理由。

如果太阳的引力与地球磁场相互的作用力不会改变,会把地球的自转轴角度永远锁定在这一角度上来围绕太阳运转,那么这根自转轴始终就保持着这种状态。从地球形成到现在,也许从来就没有改变过,这样所形成的极昼和极夜的现象也许从来没有改变过。两极磁场选择在这样一个地理位置上,也许就从来没有改变过。在这里可以说明,两极磁场也许就从来没有翻转过,只是地理位置上的翻转。依据魏格纳大陆漂移说,地理北极可漂移到地理南极,地理南极可漂移到地理北极,地球的自转轴仍然与公转轨道面为23.5°,使得地球仍然处在极昼和极夜之中时,则两极磁场自然处在常态下,只是地理位置互换,这种漂移不会改变地球自转轴的角度,它是围绕自转轴在运动,与两极磁场的互换是两回事情。依据居里温度组合线,两极磁场的磁性也就永远不会消失,也不存在地球某一时段磁性消失的问题,地球整体磁场的磁性永远存在。在地球自转角度不改变的前提下,地球的磁性永远存在,两极磁场永远不会翻转。

上面是由居里温度线给出了两极磁场不会翻转的理由。还有,就是两极冰山的存在,在极夜的低温下,它是如何自然地造就了两极的最大磁场。这一篇最重要,在《两极冰山融化》一章中给出。

3. 两极磁场极性流向的问题

怎么会产生现在这样的正向极性流向呢? 有这样两点:

(1)太阳与众多的行星有着一定的夹角,各种不同的夹角应该与每颗行星的质量和大小磁场有着一定的关联,如此大的地球磁场与太阳有着一定的联系,在太阳强大的磁场与地球磁场相互的作用下,把地球的自转轴角度锁定为23.5°,同时它也把南北两极磁场极性流向锁定在这一方向上,以太阳磁场决定着地球磁场的极性流向,此为主要一点。应该说,两大磁场如何运转互动,它的内部原理以现在人类的观测技术可能还不能给出答案。

(2)依据上面书中插图,磁力线由(磁北极N)地理南极出,经过空间后进入地理北极（磁南极S），然后再从地理北极出来，通过地下和地面以上一定高度范围（对流层）到达地理南极，形成磁力线循环流动，这是现在的流动走向（指南针指向）。这样的一种磁力线极性循环流动方向是如何产生的？依据居里温度线，在南极地区，平均温度在−33℃左右，测得最低气温是−89℃，可对应849个磁度点。在北极地区，平均气温为−20~−40℃，可测得最低气温是−70℃，可对应833个磁度点。南北两极温度相比，南极要低于北极16个磁度点。依据这一数据，温度越低磁性越大，磁场就越强，首先会吸引地理北极磁场，把地理北极磁场磁力线吸引过来，造成北极磁场的磁力线的先流动，地下与地上在一定高度范围内成为北南走向，从地理北极出来，到达地理南极，然后从地理南极出来再回到地理北极，它应是这样一个循环流动过程。这是极性流向的问题，是由地理南极强磁场首先拉动地理北极稍弱磁场，从而决定了磁力线的流动方向。当把磁力线吸引过来至南极磁场时，磁力线不能储存和堆积，同时北极也要寻找另一异性南极，这时南极在地理北极是定位的，通过南极磁场的磁力线来流动到北极，这样就造成磁力线的循环流动，然后瞬间两极磁场的流动进入同步，这为次要一点。

在这里对不能储存和堆积作一点理解：仅就地球两极而言，比如N极磁场的磁力线如果流出，N极磁场就会减弱，N极磁场的磁力线一直流出，一直到N极磁力线消失，那么就出现了磁单极现象。比如只留下S极了，它于磁极不可分割不符，只有流出去多少磁力线，再流回多少磁力线，才符合这一理论，就地球两极磁场而言应是始终对应的，这是在宏观上的。它不同于长形磁铁条，在微观上，长形磁铁条内部有无数多的N—S两极，可认为储存和堆积一定多的磁力线，在长形磁铁条身上磁力线是稠密的。

南北两极磁场极性流向的问题，应该与地轴夹角一样，也是一个恒定的流向，当太阳把地球的自转轴角度锁定为23.5°，同时它也会把南北两极磁场极性流向锁定在现在的这一方向上。如果是这样，在地轴夹角与磁场极性流向不改变的前提下，可认为两极磁场永远不会翻转。

参考文献

[1] 张九庆. 奇妙的时间. 北京：北京理工大学出版社，2009：46.

[2] 余明. 简明天文学教程. 北京: 科学出版社, 2007: 251.

[3] 迈克尔·阿拉贝. 气候变化. 马晶译. 上海: 上海科学技术文献出版社, 2006: 11.

[4] 生昌义, 朱明. 宇宙的秘密. 呼和浩特: 远方出版社, 2001: 101.

[5] 帕迪利亚. 科学探索者: 天气与气候. 徐建春, 郑升译. 杭州: 浙江教育出版社, 2003: 146.

[6] 李彬. 地球科技. 北京: 科学普及出版社, 2012.

[7] 帕迪利亚. 科学探索者: 天气与气候. 徐建春, 郑升译. 杭州: 浙江教育出版社, 2003: 146.

[8] 李彬. 地球科技. 北京: 科学普及出版社, 2012.

[9] 张九庆. 奇妙的温度. 北京: 北京理工大学出版社, 2009: 60.

[10] 李继勇. 地球奥秘. 呼和浩特: 内蒙古出版集团, 远方出版社, 2012.

[11] 史蒂夫·帕克. 真实再现·太阳系. 吴景华译. 上海: 上海科学技术文献出版社, 2010: 18.

第三章　风的动力之谜

在地球这颗星球上，有着无数的自然现象，在这些自然现象里，空气的流动就是其中之一，在气象学里，空气的流动就是风。空气的流动分为平流风和旋转风，平流风就全球而言，它像地球的自转一样，一刻不停，如这一地区刮的是东风，在那一地区刮的是南风，在某一地区刮的是西风，在另一地区刮的是北风；今天刮的是小风，明天又刮起大风。依据蒲福氏风级："3级微风时，风速在每小时12.8千米左右，可摇动树枝。达到8级大风时，风速每小时62.7~74千米，可折毁树枝。达到10级狂风时，风速每小时88.4~101.3千米，可拔起大树。达到11级暴风时，风速每小时102.9~120.6千米，树根拔起吹离原地，使汽车翻转。"[1]这是陆地平流风与海上平流风力度的表现。

在旋转风里有台风和龙卷风，带着旋转力，一旦风形成刮起来，依据蒲福氏风级就达到12级："风速每小时大于120.6千米，其摧毁力极大。"[2]在台风中举这样2例：

（1）"1944年12月17日至18日，美国第三舰队在菲律宾以东海域遭到台风袭击，当时台风中心附近风速超过60米／秒，使三艘驱逐舰在狂风恶浪中沉没，146架飞机被毁，20多艘艇受到严重破坏，800余人丧生。"[3]

（2）"1986年7月11日，台风在中国广东陆丰—海丰登陆，受灾农田5860千米^2，撞坏船只1800艘，沉船64艘，受灾人口537万，死亡206人，受伤2908人，倒塌房屋8万余间，损害房屋25万余间，损坏桥梁2340座，毁坏水库231个，损失总值18亿元。福建受到这次台风影响，受灾人口达260余万，死亡55人，伤210人，倒塌民房1万余间，损坏房屋3.8万余间，受淹作物16公顷以上。"[4]

这是台风极大摧毁力的表现。

在龙卷风中举这样2例:

（1）"1558年7月7日,发生在英格兰诺丁汉的龙卷风,在1英里（1.6千米）的范围内的所有房屋和教堂被毁,树木被抛出200多英尺（61米）远。"[5]

（2）"1974年4月上旬,一场特大龙卷风给美国造成了严重灾难。在印第安纳州的蒙济谢诺,龙卷风呼啸着扫过弗利明湖,从钢筋混凝土的桥墩上把铁路桥折断成四截,并把它抛向空中扔到120米以外的一个湖里。被折断的铁路桥每一截都有约115吨重。"[6]这是龙卷风极大摧毁力的表现。

从平流风转为大风到狂风再到暴风的力度,与旋转风转为台风和龙卷风的力度比较来看,旋转风的力度要大于平流风的力度好多倍,这应是大气的两种运动形式:一是大气平行流动形式,二是大气旋转运动形式,同时表现出两种大小不同的力。

大风与龙卷风在陆地形成,暴风和台风在海上形成。大气的形成与海洋的形成应该是有先有后,大气之初的形成应该在先,海洋之初的形成应该在后。当大气形成后,应该会有平流风和龙卷风出现。当海洋形成后,才会出现暴风和台风,应该说最初平流风和龙卷风的出现要早于暴风和台风。

自有生命以来,就会受到这两种大气运动的伤害,自有人类以来就与这两种大气运动抗衡。龙卷风在陆地上横冲直撞损毁房屋被称为陆上巨无霸,台风在海上会掀翻舰船被称为海上巨无霸,它会给陆地居住的人民和沿海居住的人民带来极大的灾难,有些是毁灭性的。那么这些暴风、台风、龙卷风的力量为何会如此的巨大呢? 它的动力来自哪里? 为此,从大气与海洋形成的先后顺序作一探讨。首先从大气说起,大气由氮氧分子组成,在氮氧分子本身的背后可能有力的存在,这个力应与大地磁场有着一定的关联,下面就来给大气的平行流动和大气的旋转运动寻找新的动力。

一、回忆大气层

1. 大气的分层结构

我们的地球被蔚蓝色的天空所包围,今天科学家已把这蓝色的天空分为了四层:

"第一层为对流层,高度从海平面起至17~18千米处(赤道上空),两极上空为9千米处。这一层是四层中最薄的一层,为最低层,但它几乎包含了整个大气层的所有质量。在对流层中,温度随着海拔的增加而降低,一般每升高一千米,温度大约下降6.5℃,在对流层的顶部,温度不再降低,大致保持在−60℃左右。"

"第二层为平流层,是从对流层的顶部向上延伸至距离地表50千米处。它的底部很冷,为−60℃左右,而到达顶部却非常热,为什么会是这样?原因是有臭氧层的存在,臭氧分子吸收阳光紫外线,使的大气加热,温度要高于−60℃。"

"第三层为中间层,在平流层的上方,距离地表50~80千米的高空。在中间层的上部,是大气层中最冷的部分,其温度大约是−90℃。"

"第四层被分为两层,即电离层和外逸层,合称热层。进入这一层,气体分子非常的稀薄,空气的密度大约只有海平面的0.001%,这就好像你带着海平面上1立方米的空气,到了80千米的高空扩大为100000立方米,气体分子与分子之间的相互距离相隔很远。这一层却非常热,温度高达1800℃,因为来自于太阳的能量最先被热层所吸收,氮分子和氧分子把太阳能转化成了热能。虽然热层的温度很高,但我们在热层中却感觉不到一丝温暖,一枝普通温度计显示的温度将低于零度。为什么呢?因为温度是大量物质分子平均动能的反映,然而在稀薄的气体中,分子之间距离很远,因而没有足够的分子来碰撞温度计使之发热。"[7]

2. 大气的密度

大气依据气温变化规律的不同而被分为四层,由于这四层的高度不同,其密度有所不同。下面是大气的高度与密度的关系图。(见图[8]3-1)

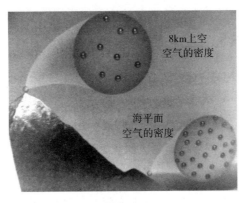

8km上空
空气的密度

海平面
空气的密度

图 3-1

从这张图中可看到, 大气的密度是随着海拔高度的增加而减小, 海平面上的空气分子要多于高山顶上的。以此类推, 高山顶上的要多于对流层顶上的, 对流层的要多于平流层的, 平流层的要多于中间层的, 中间层的要多于电离层的, 电离层的要多于外逸层的。比如在一立方米的空气体积范围内, 空气分子在数量上是逐渐减少的, 一直到外逸层的边缘处, 在一立方米的空气体积范围内, 也可能只有一粒气体分子。如果从低到高, 大气的密度是从稠密到稀薄; 如果从高到低, 从这一粒气体分子存在的开始, 再返回去, 一直到在一立方米的空气体积范围内, 有无数多的气体分子的存在, 又从稀薄到稠密。这应是整体大气密度的一个总的概况。

3. 大气的气压

"因为空气有质量, 空气的重力会产生气压, 如水银气压计, 大气压迫容器内水银的表面, 使玻璃管内的水银柱上升。作用于容器内水银表面的气压与玻璃管内的水银柱所受重力相等。在海平面上, 水银柱上升的高度是76厘米 (1.01×105帕)。" [9] 这是地球表面大气的标准气压。

大气气压与大气密度密不可分, 大气稠密气压高, 大气稀薄气压低, 大气的气压是随着海拔高度的增加而减小。从海平面开始, 海平面上的气体分子要多于陆地上的, 大气分子稠密, 气压要高于陆地上的。陆地上的空气分子要多于高山顶上的, 大气分子比较稠密, 气压要高于高山顶上的。高山顶上的气体分子要多于对流层上的, 大气分子稍稠密, 气压要高于对流层上的。对流层上的气体分子要多于平流层上的, 气压要高于平流层上的。平流层上的气体分子稍多于中间层上的, 气压要稍高于中间层上的。中间层上的气体分子要稍多于电离层上的, 气压要稍高于电离层上的。大气的气压随着大气的密度是从高到低, 从76厘米水银柱 (1.01×10^5帕) 一直降到1帕的大气压力, 再从1帕的大气压力回到海平面的大气压力76厘米水银柱 (1.01×10^5帕), 这是整体大气压力总的概况。

以上是地球大气的基本概况, 有高度范围, 有密度范围, 有压力范围。在高度的范围内被划分了四层结构, 在四层结构内又划分了稠密与稀薄, 它把地球从重到轻一层一层地包裹, 又依据稠密与稀薄又划分了气压的高低。

4. 大气的组成

"主要由氮气和氧气组成, 氮气占大气总气体的78%, 氧气占大气总气体的

21%，其他气体占大气总气体的1%。

"氮分子：由2个氮原子组成。氮原子：原子核带有7个单位正电荷，核外有7个电子，即7个单位负电荷。

"氧分子：由2个氧原子组成。氧原子：原子核带有8个单位正电荷，核外有8个电子，即8个单位负电荷。"[10]

在寻找风之动力的路上，需要对氢原子核作一个假设或者是猜想，这个假设或者是猜想就是氢原子核具有显磁性，不具有正电性，下面就以氢原子核由磁性物质构成这一假设来给出理由。

二、氢原子核由磁性物质构成

首先对卢瑟福的α粒子的散射实验作一回顾：

"在一个小铅盒里放有少量的放射性元素钋，它发出α粒子而从铅盒的小孔射出，形成很细的一束射线射到金箔上。α粒子穿过金箔后，打到荧光屏上产生一个个闪光，这些闪光可以用显微镜观察到。整个装置放在一个抽成真空的容器里，荧光屏和显微镜能够围绕金箔在一个圆周上转动，从而可观察到穿过金箔后偏转角度不同的α粒子，如图3-2[11]。

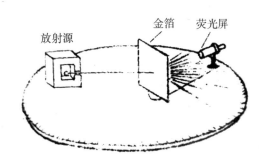

图3-2 α粒子散射实验

实验表明，绝大多数α粒子穿过金箔后仍沿着原来的方向前进，但是有少数α粒子却发生了较大的偏转，并且有极少数α粒子偏转超过了90°，有的甚至几乎达到了180°，像被金箔弹了回来，这就是α粒子的散射实验。"[11]（如图3-3）

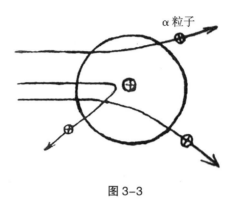

图 3-3

"在这之前，根据汤姆逊原子模型的计算，α粒子穿过金箔后的偏转量最大不超过零点几度，这是因为电子的质量很小，比α粒子的质量小得多，α粒子碰到金箔原子内的电子，就像飞行的子弹碰到尘埃一样，运动方向不会发生明显改变，正电荷在原子内又是均匀的，α粒子穿过原子时，它受到两侧正电荷的斥力，有相当大一部分互相抵消，因而使α粒子偏转的力不会很大。卢瑟福对α粒子的散射实验的结果进行了分析，得出结论：除非原子的几乎全部质量和正电荷都集中在原子中心的一个很小的核上，否则α粒子的大角度散射是不可能的。由此，1911年卢瑟福提出了他的原子核式结构学说，在原子的中心有一个很小的核，叫做原子核，原子的全部正电荷和几乎全部质量都集中在原子核里，带负电荷的电子在核外空间里绕着核旋转。核式结构模型可以很好地解释α粒子散射现象，按照这个学说，α粒子穿过原子时，电子对α粒子的运动影响很小，影响α粒子的运动主要是原子核，如果离核较远受到的库仑斥力就很小，运动方向也就改变很小，只有当α粒子与核十分接近时，才会受到很大的库仑斥力，发生大角度的偏转。由于原子核很小，α粒子十分接近它的机会很少，所以绝大多数α粒子基本上仍按直线方向前进，只有极少数发生大角度偏转。"[11]在散射实验中，出现了少数α粒子大角度的偏转，才促使卢瑟福对汤姆逊原子模型作了修正，才有了卢瑟福的原子模型。在这一模型中，提出以下六个问题，并同时以磁性物质核给出解释。

1. 核外电子围绕核子会自然地旋转起来吗？

核外带负电荷的电子围绕带正电荷的核子会自然地旋转起来吗，这是一个值得探讨的问题，正负电荷始终是互相吸引的关系，这种关系会使电子被核子吸引在自己身上,成为一体。但电子始终在围绕核子旋转,核子并不能把电子吸引在自己身上,而且这种旋转又是在变化当中,电子一会儿靠近核子,一会儿又远离核子,这应是自然的一种运转机制。

由磁物质核给出解释

带着这样一种疑问想到了磁电之间的结合,这样的一种运转机制应在磁电之间才会形成,比如有这样3个实例:

① "1820年,丹麦的物理学家奥斯特在静止的磁针上方拉一根与磁针平行的导线,给导线通电时,磁针立刻偏转一个角度,切断电流时,磁针又回到原来位置。" [12] 在这里,磁电相遇后发生偏转,这是磁电互动的实例。

② "1820年9月,安培获悉奥斯特发现磁针在电流附近能摆动的消息后,他意识到这一发现的重要性,第二天就重复了奥斯特的实验,于9月18日报告了他的实验结果:通电的线圈与磁铁相似,并宣布了磁针转动方向与电流方向之间的关系,服从与右手定则(即安培定则)。" [13] 在这里安培的右手定则,证明了磁电相遇后,是在各自的范围内旋转,电流方向与力线方向互为垂直,这是磁电相遇后互为旋转的实例。

③ "1831年10月,法拉第发现,当磁铁与导线的闭合回路有相对运动时,回路就出现了感应电流,他把这种电流称之为磁电感应。" [14] 在这里,由磁可生出电流,可认为它是磁在内电流在外的一种例子。

上面3个例子中,有磁电的互动关系,有磁电的旋转关系,有磁电的感应关系,应都属于磁电之间发生的一种自然现象,在自然界中应是普遍存在的。现在,如果把氢原子核置换成一种有磁性的物质粒子,如磁粒子,可能会有更和谐自然的旋转效应,它带有磁性,有N极和S极,电子在N极和S极的引力吸引下,围绕氢原子核运转,这样的磁电结合,电子就不会被吸引落在氢原子核上,既可靠近,又可远离。有了这一特性,电子才能持续地旋转起来,在电子的持续旋转下,原子才能保持正常的结构特征,有了具体的结构特征,才会有原子的大小。那么这一置换假设它符合不符合卢瑟福α粒子的散射实验呢?

它同样适用于卢瑟福α粒子的散射实验。当α粒子流打入金箔后,同样会发生α粒子大角度的偏转,这种极少数发生大角度偏转的α粒子,此时应有两种力存在:

一种是库仑斥力,这是相同点。另一种应是洛伦兹力,这是不同点。"磁场对运动电荷的作用力叫做洛伦兹力。" [15]这个磁场应是由这个磁物质核产生,这个运动电荷由α粒子自身带有,当它打向金箔时,成为带电荷的粒子。"洛伦兹力不能改变运动电流速度的大小,但具有强烈的偏转效应。" [16]这个α粒子强烈地偏转,应是洛伦兹力效应。它应不是简单的库仑斥力的偏转,可能有更复杂的内在原因。大部分α粒子能顺利通过金原子,是α粒子远离核子的原因,是α粒子流动的力大于核子的吸引力,这是相同点。把原子核置换成磁物质核,应基本符合卢瑟福α粒子的散射实验。

把原子核置换成一种带磁性的物质粒子,电子才可以在核子外围会自然地旋转起来,这应是电子在核子外围如何旋转起来的一种自然的解释,也是第一个解释。

2. 原子核的大小

这是第2个问题。"原子核的大小数量级为10^{-15}~10^{-14}米,原子半径大约是10^{-10}米,原子核的半径只相当于原子半径的万分之一,原子核的体积相当于原子体积的万亿分之一。" [17] "假设原子有一座十层大楼那样大,那么原子核却只有一个樱桃那样大。" [18] "原子小得用光学显微镜都无法看到,即使电子显微镜也没有办法,到目前为止还没有任何方法可以直接看到它的真面目。" [19]

由磁物质核给出解释

这样小的原子不会直接看到,核子更无法看到,类似于磁粒子无法观察到一样,可认为原子核属磁粒子的范畴。

3. 原子核的质量

这是第3个问题。"99.9%以上的原子质量集中在小的无法相信的原子核上,所以原子核是一个非常重的质点。假如整个原子的密度都跟原子核一样高的话,用这种原子做的高尔夫球会有数十亿吨重。" [20] "原子是由质子中子和电子构成的,根据实验测定,质子的质量等于$1.6726×10^{-27}$千克,中子的质量等于$1.6748×10^{-27}$千克,它们都约是电子质量的1836倍。" [21]

由磁物质核给出解释

质量问题是这样的: 质子的质量等于$1.6726×10^{-27}$千克,它应是磁物质核粒子的质量,它约是电子质量的1836倍,这应是核子吸引电子的基本质量,当磁物质核粒子达到1836这个基本质量时,才能与电子匹配,才会把一个电子吸引过来,或捕捉在自己周围。或者说，当核子达到这个基本质量时，电子也会自然去吸引核子，围绕在核子外围旋转，或靠近，或远离。同时质子的质量等于电子质量的1836倍，它符合磁物质的特性，同时也符合重粒子在内、轻粒子在外的特点。

4. 原子的空间范围

这是第4个问题。"假设原子有一座十层大楼那样大，那么原子核却只有一个樱桃那样大。因此相对来说，原子里有一个很大的空间。电子在这个空间里做高速运动。"[22] "将一个碳原子扩大成足球场那样大，而原子核等于放在球场中央的足球，原子的体积大部分是空空洞洞的空间。"[23]

由磁物质核给出解释

核子和电子如何形成这样大的空间？这个空间应由两部分组成，一部分来自99.9%的核子质量，这个质量在内，这个质量具有基本磁场，并伴随着力，由力来表现出这个场的范围。另一部分应来自电子，这个电子在外，围绕核子运转，运转的范围应是核子磁场直径范围的3.14（圆周率）倍，这里不是指核子的直径而是场。这个电子具有电场，并伴随着力，由力来表现出电场的范围。由磁场力直径范围加上电场力直径范围，形成氢原子的整体空间范围，这是对空间范围的一种解释。

5. 原子核内的排斥力与核力

这是第5个问题。"原子核是原子的心脏，除氢原子核只有一个质子外，其他所有的原子核里都有两个或更多的质子，而且它们都共处于一个极小的空间，半径只有近3×10^{-15}米。几十个正电荷怎么可能共处如此小的空间，而且还要抗拒相互的排斥呢？唯一的答案就是存在着某种强大的核力，比静电还强，能够将质子结合在一起。"[24]

由磁物质核给出解释

如果把原子核置换成磁物质核，核内的排斥力问题会迎刃而解，因为在这么小的空间内无正电荷存在，也就无斥力存在。这个核力已经由几十个磁物质核粒子自然吸引形成，这个原子核内不存在排斥力，只存在吸引力，这样几十个质子就会自然地结合在一起。

6. 再议正电子

这是第6个问题，由两个方面组成，一个是大气层内是否有正电子存在，另一个是原子核内是否有正电子存在。

（1）大气层内是否有正电子存在？

正电子带有正电荷，正电子在1932年由美国加州理工学院的物理学家安德森发现。"卡尔·安德森建造了一个带有能使带电粒子的轨迹发生弯曲的强磁场的云室，然后在密立根（导师）的鼓励下，他用这个云室观察宇宙线。他发现有些'上行的电子'，而密立根告诉过他'谁都知道宇宙线粒子是下行的'，这导致安德森最初把正电子解释为在磁场中沿相反方向运动的电子。"[25]在自然界中，正电子不像电子随处可见，在这一点上，它应属十分稀少和十分罕见的粒子。可在原子内，有一个负电子，就要配一个正电子，以便解决电荷守恒的问题，以便解决原子的中性问题，以便解决原子核把负电子吸引旋转留住的问题。如果是这样，在自然界中，正电子应与负电子同量，它应像负电子随处可见，才有形成原子的物质基础，随时随处都能与负电子结合，形成地球上的物质。如果是这样，应先有正电子大量的存在，有了这样的物质基础，然后再去与负电子结合，才能形成原子。那么在没有形成原子之前，正电子又存在什么地方？如果说它存在于宇宙射线（"宇宙射线是来自宇宙深处的各种高能粒子，在进入大气层之前称为初级宇宙射线，在进入大气层之后与大气层中的原子核相互作用而产生的各种粒子则称为次级宇宙射线"[26]）中，那么正电子在进入大气层之前是伴随着各种高能粒子一起进入大气层，或者就是在高能粒子内，它已不是一个孤立的正电子，已说明正电子不能单独存在于宇宙空间，应该已经与高能粒子结合。在进入大气层之后又与大气层中的原子核相互作用而产生结合，应为第二次结合，成为次级宇宙射线，应该说在大气层内无单独存在的正电子。

（2）原子核内是否有正电子（荷）存在？

第二方面是原子核内是否有正电子存在，它是否属于反物质的范畴："20世纪20年代，英国量子物理学家保罗·狄拉克建立了相对论性电子运动方程。为了解释方程中包含的负能解，他从基本粒子的对称性出发，预言了正电子的存在。""1932年美国物理学家安德森在宇宙线中发现了正电子，这是第一个反粒子。"也可在实验室中制造出来，例如，"在1955年，美国人塞格雷和张伯伦等人合作，利用高能质子同步稳向加速器，成功地产生了反质子。""当物质和反物质相遇时，就会发生爆炸，使双方湮灭，同时放出锁闭在物质中的能量。"[27]"原子是由居于原子中心的带正电的原子核和核外带负电的电子构成的。"[28]如果原子核有正电子，如何相处在一起，当正电子与负电子相遇后,不再是互相吸引的关系,而是如上所说会发生爆炸的关系。在这里,狄拉克的预言有两种解读:第一种是原子核内无正电子(荷)存在,第二种是狄拉克的反物质在原子内不能成立。

以上是从六个方面给出了由磁性物质核来取代氢原子正电荷核的假设理由,它是否与玻尔的原子理论相符呢?因为玻尔在卢瑟福的原子核式结构基础上又作了修正,给出了轨道的概念,下面继续作一探讨和论述。

三、磁性原子核与玻尔的原子理论

现在把氢原子核置换为磁性物质粒子,是否与玻尔的原子理论相符呢?继续作一探讨。在这里回忆学过的课本知识:

"为了揭示原子内部的秘密,丹麦物理学家玻尔(1885—1962)在前人研究成果(电子的发现、原子的核式结构)的基础上,于1913年提出了他的原子理论。玻尔理论的主要内容如下:

(1)原子的核外电子,只能在一些特定的可能轨道上运动,这些轨道半径有确定的值,并且是不连续的。电子在每一个可能轨道上运动时,原子都具有相应的一定能量,由于轨道不连续,因而原子只能处于一系列不连续的能量状态中。

(2)电子在任一可能轨道上绕核运动时,原子都不向外辐射能量。当原子从一种能量状态跃迁到另一种能量状态时,原子才辐射和吸收一定频率的光子。在正常状态下,原子处于最低能级,这时电子在离核最近的轨道上运动,这种状态叫做基态。给物体加热或用光照射物体时,原子由于吸收了能量,将从基态跃迁到较高能量状态,电子也到离核较远的轨道上运动,这时原子所处的状态叫做激发态。原子由较低能级向较高能级跃迁的过程,就是原子从外界吸收能量的过程。与此同时,电子将由离核较近的轨道跃迁到离核较远的轨道。相反,原子由较高能级向较低能级跃迁时,原子将向外辐射能量。原子所处的能级越低,越稳定。所以,原子被激发后,在它所处的激发态只能停留一段极短的时间(通常约10^{-8}秒),然后就自发地跃迁到较低能级上去,同时把多余的能量以光子的形式辐射出来,这便是原子发光的过程。"[29]

以上是玻尔理论和书中的阐述。玻尔在卢瑟福原子模型的基础上又给出了轨道的概念,轨道是变化的,同时又是特定的,电子就在这样一种变化的轨道上跳来跳去,一会儿吸收能量处在激发态,一会儿又释放能量回到基态。把这一过程作一个比喻:它像一杆秤,从低轨道至高轨道是秤杆的长度,上面刻有重量数字,好似原子的能级(能量)大小,秤盘应是电子,秤盘还要与秤砣配套,处在零基态位置(最低能级状态),这时秤砣应是核子,秤砣的质量应是恒定的,这样一杆原子秤配套完成,只差称物质了,这个物质应是光子,因为原子吸收和释放的物质是光子。这里要把电子与光子的相互关系分两个方面先作一个论述或说明:

1. 电子的组成成分及电子能量的强与弱

(1)在《全息宇宙》一书中,给出了电子含光子数,说明电子是由光子组成的。可以认为含光子数多的电子能量为强,含光子数少的电子能量为弱。

(2)光电效应图见图3-4。[30]

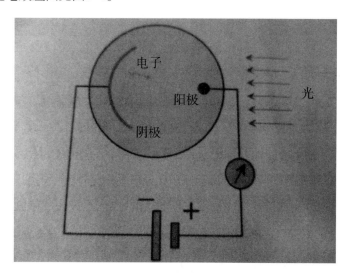

图3-4

"当光照射在(阴极)表面时,它可以把一个电子从表面打出来,利用电场把这个电子吸引到另一电极(阳极),这样就会产生一个很小的电流,产生的电流和光的强度成正比,即和光子数目成正比。"[30]当光照射到阴极板表面时,会产生出微弱电流,说明所产生的微弱电流应由光子产生,光子数目多时,所产生的电流强,光子数目少时,所产生的电流弱,在光电效应的实验中看成是光子可形成电子的实例。

（3）对于照明的灯泡，当电流进入灯泡后，会辐射出光子，把室内照亮。电流由集中的电子组成，说明电子又由光子组成。使用瓦数大的灯泡时电流（能量）强，集中的电子数就多，相对应释放出的光子数就多，照亮的空间就大；使用瓦数小的灯泡时，电流（能量）弱，集中的电子数就少，相对应释放出的光子数就少，照亮的空间就小，在这里把它可看成是电子可释放出光子的实例。以上3点为第一个方面。

2. 光子与电子的关系

从上面第2点光电效应来看，光子可形成电子。从第3点灯泡的发光现象来看，电子又可释放出光子。光子与电子可以互相转换，但首先要有光子。以光子为物质的基础上，电子才可以形成，电子不可以成为光子的物质基础，光子的物质基础应来自太阳，来自太阳自然的辐射，太阳是光子的源头，光子又是形成电子的源头。在光子与电子的关系中，光子为电子的最基础物质，电子含光子数的多少，决定着电子能量的大小和能级的高低。光子与电子的关系也可以用费曼图来表示："用一根带箭头的线表示的是电子，抛出一个光子后继续前行。"[31]（如图3-5）

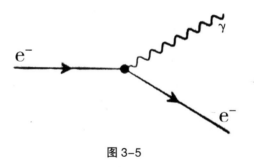

图 3-5

图3-5中前行的电子（e⁻）正在释放出一个光子（γ）。

"这儿光子是进来的。"[31]（如图3-6）

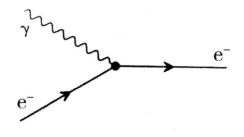

图 3-6

图3-6中前行的电子（e⁻）正在吸收一个光子（γ）。

"电子可以放出也可以吸收一个光子，这表示光子可以出射，也可以入射。"[31]（如图3-7）

图 3-7

图3-7中前行的电子（e⁻）既可以释放出一个光子（γ），又可以吸收一个光子。

从上面的3个费曼图中看，电子具有吸收和释放光子的性质。这一性质决定它或处在自由状态下，如广大空间；或处在束缚状态下，如原子内。这一性质应不会改变。这是第二个方面。

现在回到比喻中，当给秤盘（电子）增加物质（吸收光子）时，秤盘有了质量，秤杆上的数字（轨道）有了变化，从0数字上升到高一点的数字（从零基态位置轨道跃迁到高一点的轨道）。当给秤盘（电子）继续增加物质（光子）时，从高一点的数字，再上升到更高一点的数字（从高一点的轨道跃迁到更高一点的轨道）。当给秤盘（电子）减少物质（释放光子）时，从更高一点的数字下降到低一点的数字（从更高一点的轨道回到高一点的轨道）。当给秤盘（电子）继续减少物质（光子）时，从高一点的数字继续下降到更低一点的数字（从高一点的轨道再回到低一点的轨道）。由于秤砣（核子）是恒定的，光子数量的增加和减少决定着秤杆长度（轨道高低）和数字（能级）的变化。在这一比喻中，给出了氢原子内部电子的运转机理，它不是由原子释放和吸收光子，而是由电子来释放和吸收光子，是由电子来完成的。

3. 磁性原子核可使电子自然地释放和吸收光子

电子是如何围绕原子核运转的？是由近及远还是由远而近呢？它的运转机理是怎样的？以氢原子核为磁性物质来解释：

现在把氢原子核看作恒定粒子，比如质量是恒定的，是电子质量的1836倍，这应是核子吸引电子的基本质量。当磁物质核达到1836这个基本质量时，才能与电子匹配, 才会把一个电子吸引过来, 或捕捉在自己周围; 或者说当核子达到这个基本质量时, 电子也会自然去吸引核子, 围绕在核子外围任意旋转, 或靠近, 或远离。质量恒定后, 才能决定磁物质核自身磁性引力能量的恒定, 这时把1836质量可吸引一个电子为磁性引力能量恒定, 电子开始在磁粒子外围旋转。这时电子的能量是不恒定的, 因为电子有或靠近或远离的自然现象, 在《全息宇宙》一书中, "给出了电子含光子数, 如在红光内电子含10个光子, 绿光内电子含13个光子, 蓝光内电子含15个光子, 紫光内电子含16个光子"。[32]依据这个参考数据, 说明电子内含光子数是不同的, 含光子数少的可认为是低能量的电子, 含光子数多的可认为是高能量的电子, 这时电子有了能量的高低。电子有了能量的高低, 也就有了玻尔的能级跃迁, 把氢原子核置换为磁物质核, 应该更符合于玻尔的能级原子理论。

4. 原子的发光过程为什么要由电子来完成

在原子的发光过程中, 有这样的问题要提出来, 为什么要由电子来完成?

(1)是由核子来释放光子还是由电子来释放光子? 如果说由核子来释放光子, 应该释放的是正光子, 因为核子呈正电荷, 那么正光子从哪里来?

(2)如果是由电子来释放光子, 应该释放的是光子。

(3)如果由核子和电子共同来释放光子, 那么核子释放的是正光子, 电子释放的是光子, 在同一个原子内出现了两种性质相反的光子。如果是那样, 物质与反物质相遇会湮灭, 原子不能把光子释放出来。

(4)同样, 原子核也不能吸收光子, 如果吸收光子那样会湮灭, 它既不能释放光子也不能释放反光子。

通过上面4点, 对于电子而言, 既可以吸收光子, 又可以释放光子, 那么, 氢原子发光的过程应该由电子来完成。在这一问题讨论中, 明确了这样几个问题:

(1)氢原子发光的过程, 只能由电子来完成。

(2)原子核不能吸收光子, 也不能释放光子。

(3)氢原子核属磁性物质范畴, 当光子照射在原子身上时, 只可吸引缠绕在核子周围, 是吸引缠绕的关系, 不是吸收的关系。由电子来吸收, 核子不会去吸收。

(4)氢原子核属磁性物质范畴, 当光子照射在原子身上时, 只可吸引缠绕在核子周围,有可能由多个光子结合成为电子,也有可能吸引缠绕形成光子流再形成电子,像光电效应那样。如果吸引的是单个光子时,会被电子吸收。

四、氢原子的三面性

现在把氢原子核置换为磁性物质核,由此氢原子会体现出三面性。如何体现出来? 继续作一探讨:

当低能量的电子在围绕核子旋转时,应在低轨道上运行,会靠近核子,这时核子的磁性引力能量应大于电性能量,磁性为强,电性为弱。在这里,能量越低,越靠近核子。如果电子在最低轨道上运行时,(由于是互为旋转关系,电子不会落在核子上)电性能量为最弱(电子含光子数为最少),此时核子磁性引力能量为最强。

当高能量的电子在围绕核子旋转时,应在高轨道上运行,会远离核子,这时磁性引力能量小于电性能量,电性为强,磁性为弱。如果电子在最高轨道上运行时,电性能量为最强(电子含光子数为最多),核子磁性引力能量为最弱。

当电性能量等于磁性引力能量时,电子既不靠近核子,也不远离核子;氢原子既不显磁性,也不显电性,而是呈中性。这一现象只是瞬间,因为电子的能量是不恒定的,是变化的。

另外,如果给电子不断地补充能量,如太阳辐射的强烈光子被电子不断吸收,超出高轨道上运行的能量(最多光子数)时,电子带着高能量,会远离核子,此时已经超出核子所带的磁性引力能量的范围,核子不能再把电子吸引拉住。

通过这样一种以核子恒定与电子不恒定的假设,给出了氢原子内部电子或远离或靠近核子的运转机理,在这一运转机理下,又产生出氢原子的另一重要属性,这就是氢原子的三面性:

(1)当电子在低轨道上运行时,由于是缠绕关系,可能会贴近核子,此时磁性引力能量为最强,氢原子最呈显磁性。在这种缠绕关系下,应是两种能量的对比,电子含光子数越少,能量会越低,会越贴近核子。电子在缠绕核子的远近距离上,会体现出玻尔能级的大小,同时核子会显现出磁性引力能量的强弱,在这一点上,可成为氢原子为什么呈显磁性的主要理由。

（2）当电子在高轨道上运行时，由于是缠绕关系，会离开核子可以到达最远，此时电性能量为最强，氢原子最呈显电性。在这种缠绕关系下，应是两种能量的对比，电子含光子数越多，能量会越高，会越远离核子。电子在缠绕核子的远近距离上，会体现出玻尔能级的大小，同时电子会显现出电性能量的强弱，在这一点上，可成为氢原子为什么呈显电性的主要理由。

（3）当电性能量等于磁性引力能量时，氢原子既不显磁性，也不显电性，氢原子呈中性。

通过上面论述，这枚氢原子具有了三面性。（在以后的章节书写中约定为两面性，一个是显磁性，另一个是显电性，因为电子的能量是不恒定的，中性是瞬间的）

五、场与"味道"

当把氢原子核置换成为磁物质核粒子时，这枚磁粒子核已经自身具有了磁场，这个磁场像秤砣一样是恒定的。当把电子捕捉在自己身边时，组成一枚氢原子，这时氢原子具有了两个场：一个是磁场，一个是电场。当电子（电场）围绕磁场旋转时，就会有磁场范围的大小，这个磁场范围的大小随着电子能量的大小而定，电子能量小时磁场范围就大，电子能量大时磁场范围就小。当电子靠近核子显磁性时，磁场范围应大于电场范围，当电子远离核子时，电场范围应大于磁场范围，二者之间同样是能量比较的关系（秤砣与称盘的关系）。

在这种关系下，电子（秤盘）具有体积的变化，吸收光子时体积增大，释放光子时体积缩小。体积增大时电场同时增大，体积缩小时电场同时缩小。与氢原子核比较，氢原子核体积是恒定的，场也是恒定的。

当电子吸收光子后，体积增大，在高轨道上运行时，电场的势力范围应大于核子磁场的势力范围，电子应在磁场的势力范围外运行，这时氢原子呈电性。

当电子释放光子后，体积缩小，场也同时缩小，在低轨道上运行时，核子磁场的势力范围应大于电场的势力范围，电子应在磁场的势力范围内运行，这时氢原子呈磁性。

场的大小应大于粒子本身。比如，地球磁场要大于本身半径的8~11倍；氢原子由电场和磁场组成,电子场要大于电子本身,核子场要大于核子本身。场也类似于味道。比如瓜果,味道要大于瓜果本身,如果把场比喻作"味道"来理解,可把核子比作"黑枣",把电子比作"红枣",当红枣靠近黑枣时,只闻到黑枣的味道,当红枣远离黑枣时,就可闻到红枣的味道。味道是看不见摸不着的,场也应属于这样一种属性。

六、氮氧分子的两面性

在课本知识中,氮分子由2个氮原子组成。氮原子:原子核带有7个单位正电荷,核外有7个电子,即7个单位负电荷。氧分子由2个氧原子组成。氧原子:原子核带有8个单位正电荷,核外有8个电子,即8个单位负电荷。比如在氮原子内,原子核带有7个单位正电荷,现为7个单位带磁性的物质粒子,可称为7个单位磁粒子,同时伴有7个单位的磁场。核内不再有正电荷出现,核外相应的配有7个电子,同时伴有7个单位的电场。来做一个显磁性和显电性的论述:

这时的氮原子核不再有正电荷,不再与核外的负电子吸引结合,而是把电子吸引缠绕在核子周围,在核子周围运转的电子,或靠近或远离。当靠近时,氮原子核不再是一个核子,而是7个,同时外围有7个电子,这时氮原子呈显磁性,磁性由7个核子组成,同时伴有7个核子的磁场,磁场大于电场,与氢原子相比,磁性增大7倍。当远离时,外围有7个电子,同时伴有7个电子的电场,这时氮原子呈显电性,电场大于磁场,与氢原子相比,电性增大7倍。氮分子由2个氮原子组成,当氮分子呈显磁性时磁场大于电场,与氢原子相比,磁性增大14倍。当氮分子呈显电性时电场大于磁场,与氢原子相比,电性增大14倍。

同理,在氧原子中,核子周围运转的电子,或靠近或远离。当靠近时,氧原子核不再是一个核子,而是8个,同时外围有8个电子,这时氧原子呈显磁性,磁场大于电场,磁性由8个核子组成,与氢原子相比,磁性增大8倍。当远离时,外围有8个电子,这时氧原子呈显电性,电场大于磁场,与氢原子相比,电性增大8倍。氧分子由2个氧原子组成,当氧分子呈显磁性时磁场大于电场,与氢原子相比,磁性增大16倍。当氧分子呈显电性时电场大于磁场,与氢原子相比,电性增大16倍。

从上面的数字中看出, 在显磁性和显电性中, 氮氧原子要大于氢原子, 氮氧分子要大于氮氧原子, 氧分子要大于氮分子。分子含原子个数越多, 显磁性和显电性分别会越大。那么在地球整体大气层内是否也具有这样的两面性呢? 继续往下看。

七、大气层的两面性

在地球大气圈内, 气体物质很容易受到温度的左右, 如空气分子处在一年四季的变化之中。由于太阳的直射和斜射, 阳光的照射很不均匀, 使得空气分子所接受的光子有多有少, 地球围绕太阳运转, 在一天之内就有好多的角度变化, 直射会使气体分子吸纳更多的光子, 大气处在高温; 斜射使得气体分子不能吸纳更多的光子, 大气处在低温。高温使得气体分子受热膨胀会上升, 低温使得气体分子受冷收缩会下降, 在膨胀和收缩中气体分子内的电子在不断的变化中。

直射会使气体分子吸纳更多的光子, 电子跳到最高轨道上运行, 电子处在激发态, 呈显电性, 同时分子磁性为最弱。

斜射使得气体分子不能吸纳更多的光子, 电子跳到最低轨道上运行, 电子处在基态, 呈弱电性, 同时分子磁性为最强。

依据磁物质核假说, 在大气层内, 氮气分子与氧气分子既具有了电性, 又具有了磁性。电性与磁性的关系是: 电性强, 磁性弱; 电性弱, 磁性强。以氮氧分子为主要气体的大气层, 在阳光照射多少的情况下, 已经具有了两面性。

八、回忆大地磁场

在地磁场减弱一章里, 已对地磁场有了一个大概的了解: 地球是一个磁化的球体, 地球和近地空间都存在磁场。依据图1-1地球磁层示意图, 可以看到地球磁场范围如此之大, 磁气层远远地扩大到太空, 磁层顶离地心8~11个地球半径, 磁尾可延伸到几百个地球半径, 磁围截面宽约40个地球半径。地球大气层从550千米高度再延伸几百千米为外逸层, 还不到地球半径的一半, 它大于大气层很多, 大气层只存在于近地空间, 它把大气层包裹在内。

地球像水果一样，会散发出气味。比如一颗苹果，会散发出自身的味道在四周，并形成味场。同样地球也会散发出自身的"味道"在四周，这个味道就是磁气，并形成磁场。磁场有南北两极，南磁极去吸引北磁极的磁气，同时北磁极也去吸引南磁极的磁气，在南北两磁极的互相吸引下，由磁力线形成磁气流，应是当今地磁场。

大地磁性为$5×10^{-5}$特[33]。在这$5×10^{-5}$特内，使得地球万物不能远离地表。要想远离地表，要有一定的速度，这个速度是每秒7.9千米，是脱离地球引力的速度。一切万物都没有这样的速度，所以引力把万物拉住，这是磁性力，这是牛顿的万有引力。它看不到也摸不着，但它一直存在，影响着地球上的一切，它影响着陆地，影响着海洋，影响着天空，它对大气的影响就是其中之一。

地磁场的磁性像云朵下面的影子一样，既没有物质性，更没有粒子性，但具有$5×10^{-5}$特的磁性。它渗透在地壳的岩石中，地壳显磁性；它渗透在地球的大地上，地表显磁性；它布满于地球的广大空间，空间显磁性。从地下到地表到空间，都有它的影子，地质学家概括为地磁场，有南北两个磁极，有磁力线，磁力线一直是流动的，如磁针受到磁力的作用，始终指向南北。磁力线从地理南极出来，再流回到地理北极，然后再从地理北极到地理南极，是一个循环流动的过程，参见图1-6地球磁场力线图。

在广大空间由于两极的存在，地磁场中的磁气被吸引，这种被吸引的磁气影子用磁力线表达了出来，说明磁气在流动。例如，地球磁场图中的磁力线，表达了地球磁场中的磁气流动方向，这种磁气流动的现象就把它叫磁气流。

物质带有磁性，叫磁性物质，如磁铁。顾名思义，磁铁是由铁物质与磁物质组成，铁物质由铁原子组成，铁原子早已被科学家捕捉到，磁物质也应由磁粒子组成。近几十年来，科学家孜孜不倦地在寻找磁单极子，但一直没有捕捉到这种粒子，可能还需等上一定的时间。科学界对这种粒子的存在，长期以来既不能被证实，也不能被否定。看来磁性是一种物质还不能给出定义，只是一种场的存在，这个场足以使地球千变万化，神秘莫测。

九、风的动力

大气层就处在蓝天这个磁气流之中，氮气分子、氧气分子就浸泡在磁气流之中。依据磁物质核假说,在原子内部存在着磁性物质,氮氧分子内部存在着磁性物质,在大气温度的变化中,随时可成为显磁性物质,成为一个个小磁体,广大空间气体分子成为一个个小磁体,这一个个小磁体,根据磁的特性,自然会与地球磁气流互吸。

由于氮气分子与氮气分子之间,氧气分子与氧气分子之间不再去结合,又属单质,处在游离态,这时很容易被大地磁场的磁气流自然吸引,加入进磁气流行列。在这个行列当中,氮气分子、氧气分子占着地球大气总体积的99%,在地球两极磁场的互动吸引下,磁气流拉着它们从原地出发。(如图3-8)

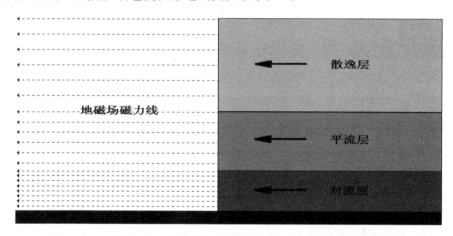

图3-8 由地磁场磁力线形成的磁气流拉动大气层中的氮氧分子在流动

在图3-8中,对流层为黑色稠密区,相对应磁力线稠密区。平流层为浅黑色稍稠密区,相对应磁力线稍稠密区。散逸层为浅色稀薄区,相对应磁力线稀疏区。

在气象学里,空气的流动就形成了风。空气分子的流动,应是风的流动。风的流动,应是大气中氮气分子、氧气分子的流动,这些分子的流动,应是被磁气流拉动的结果,这应是风的动力源头,也是风的动力机理,风的动力源头应来自大地磁场中的磁气流。

风是如何刮起来的?它的动力来自哪里?它的动力源头已经找到,源自磁气流,风的动力之谜是否真的被破解,从这里开始去一一验证。首先从大气层说起。

1. 地磁场与大气层的分层结构(稠密与稀薄)

现在大气层处在磁气流包围之中,大气层共分为四层,它是否与地磁场有关?作

下面分析:

如放置一块磁铁,周围撒把铁屑,靠近磁铁稠密,远离磁铁稀疏,说明靠近磁铁吸引力大,远离磁铁吸引力小。比如有一块被磁化的铁(磁铁),要与一块未磁化的铁(铁块)接触,当你把铁块慢慢地靠近磁铁时,你会感觉到作用在铁块上的力会越来越大,一直被吸引到磁铁上。当把铁块再从磁铁上慢慢移开时,作用在铁块上的力会越来越小。这说明靠近磁铁时引力大,远离磁铁时引力小。在这个例子中,磁铁是主动去吸引,铁块是被吸引。

依据上面的理由,地球是一块磁化的球体,满身带着磁气。氮气分子和氧气分子自身同样带着磁气,会自然而然地去与大地吸引,在互相吸引的过程中,由于地球引力大,会把大气吸引过来,从散逸层吸引到中间层,从中间层吸引到平流层,再从平流层吸引到对流层,再从对流层顶吸引到对流层底,使得气体分子越来越聚积,越来越稠密,与地球成为一体。越靠近地球引力越大,吸附的大气分子就越多,大气就越稠密。在这一过程中,类似于磁铁与铁块,所不同点是大地与大气是互吸的。

如果把这一过程再返回去:如大气分子从对流层底开始返回,同时在每立方米内大气分子所存数量就从地表层开始释放,随着慢慢远离,空间在扩大,同时大地引力也在慢慢减弱。这时大气分子也在每立方米内所存数量慢慢地释放去占据扩大的空间。随着距离逐渐增大,空间的范围在逐渐扩大,在每立方米内大气分子所存数量占据扩大的空间会越来越大,而分配给扩大后的空间分子的数量会越来越少(如图3-1那样,海平面上的大气分子的密度要大于高山顶上的密度),大气分子一直在远离地表,伴随着空间一直在扩大,气体分子数量会越来越少,直至大气层整体逐渐的稀薄。在这一过程中,大气从稠密到稀薄,是由引力的大小决定的。引力的大小是由距离的远近决定的,这应是大气分层的真正原因。

2. 作用在大气层上的三大动力

(1)气体分子的垂直下降运动。

从散逸层吸引到中间层,从中间层吸引到平流层,再从平流层吸引到对流层,再从对流层顶吸引到对流层底,这样一个吸引过程,也是气体分子的一个运动过程,这个过程应是气体分子从高到低的垂直运动,这是地球引力的结果。

(2)气体分子的平流运动。

由于地球的引力，才把大气分子吸引，聚积在自己周围，地球才有了空间物质基础供给磁气流。在这个基础上，由于地球两极的存在，形成了两极互动的磁气流，在磁气流的平行流动下，才拉动大气分子，形成平流风，这是两极磁场互动的结果。

（3）气体分子的垂直上升运动（阳光效应）。

地球围绕太阳运转，会得到无限多的阳光。当阳光照射在大气层面时，又会出现哪些现象呢？

当阳光到达地球表面时，会受到大气的阻挡，在阻挡的过程中，气体分子会发生玻尔能级跃迁的过程，在这一过程中，气体分子会吸收和释放光子。吸收光子时，电子会跃迁到高轨道上，气体分子会发生膨胀，体积增大。当气体分子释放光子时，电子会跃迁到低轨道上，气体分子会发生收缩，体积变小。当气体分子发生体积膨胀增大时，会产生浮力，气体分子在原来的位置会上升。当气体分子发生体积收缩变小时，会产生重力，气体分子在原来的位置会下降。当气体分子产生浮力或重力时，会有下面几种情况发生：

①一种是气体分子浮力大于地面吸引力和磁气流的拉动力时，会直线上升。

②当气体分子的重力加地面引力大于磁气流的拉动力时，会直线下降。

③当气体分子重力加地面引力等于磁气流的拉动力时，可能会停止在原来的位置。

④当气体分子重力加地面引力等于磁气流的拉动力时，可能在很短的时间内会停止在原来的位置，但由于气温的变化会忽高忽低，气体分子的体积也随着温度的高低，忽大忽小，然后忽下降忽上升，忽被拉动，在此时气体分子的流动线路应与地面呈倾斜状态。

⑤由于气体分子在重力加地面引力作用下，形成垂直向下的运动，又由于气体分子在阳光的直射作用下，体积膨胀形成垂直上升的运动，这一下一上就形成对流。

以上是气体分子的阳光效应，它与地面磁场的垂直吸引力、两极磁场的平行拉动力一并称为大气流动的三大动力，演绎出大气层内的千变万化。

作以下4点假设：

①假设有这样一片云团从你头顶飘过，飘向远方，到达南极，没有在南极停留，飘向平流层，又飘向中间层，再飘向散逸层，然后脱离散逸层，再飘向太空。

②这样的云团由水汽组成，假设这样的云团会飘向太空，一天天地飘，一年年地飘，一直飘到水汽消失，水汽团不再存在，天空中再也看不到飘浮的白云。

③假设有这样一股风，向你身边刮来，又从你身边刮走，刮向很远很远的地方，刮向南极，没有在南极停留，然后脱离南极磁场，刮向平流层，刮向中间层，再刮向散逸层，然后脱离散逸层，再刮向太空。

④假设真有这样一股风，一天天地刮，一年年地刮，一直刮到大气消失，大气层不复存在，天空中再也看不到蓝天。

在地球引力的作用下，以上4点假设不会存在。

3. 对流层的薄与厚

这是四层中大气最厚的一层，在对流层有以下两种现象。

第一种现象：大气的全部质量都集中在这一层。上面已给出了解释，是地球引力的结果。

第二种现象：在赤道地区上空，对流层顶的高度是17~18千米，对流层顶从赤道地区上空逐渐向两极上空延伸，对流层顶的高度在逐渐下降，当到达两极地区上空时，对流层顶的高度已下降到9千米。这是因为在赤道地区上空，对流层的厚度是17~18千米，从赤道地区上空开始逐渐向两极上空延伸，对流层的厚度在逐渐变薄，当到达两极地区上空时，对流层的厚度逐渐递减到9千米。同为一层，为什么会出现这一现象呢？

由于大地磁场的强弱不同，会出现大地的吸引力不同，两极地区磁场强，吸引力也强，赤道地区磁场弱，吸引力也弱。比如在赤道地区，磁场要弱于两极地区，引力不足以把大气分子拉近自己，总要离开一定距离，引力也不足以把大气分子与分子之间的距离拉的很近，同样有一定距离，在有一定距离存在的情况下，分子与分子之间就显得不那么稠密，空间就要大一些。在赤道地区阳光直射，炎热，上空有大量的气体热分子上升，每个气体热分子体积增大，会占据一定的空间。假设在1立方米内可容纳气体热分子100个，那么到了寒带地区，由于气体分子体积收缩就可容纳200个。所以在热带地区，每个分子所占据的空间要大于寒带地区，上空整体空间呈膨胀状态,所以在赤道地区对流层的高度要大于两极地区。

而在两极地区,磁场强度要大于赤道地区,同时吸引力也要大于赤道地区,引力足以把大气分子拉近自己,引力也足以把大气分子与分子之间拉得很近。在很近的距离内,分子与分子之间就显得稠密,分子与分子之间所占空间就小一些。假设在1立方米内稠密分子可装200个,每个分子所分的空间要小一些,上空大气整体呈压缩状态,所以在两极地区对流层的高度要小于赤道地区。

如果把对流层整体比做一只大气球,温度高的地区一定要膨胀鼓出去,温度低的地区一定要冷缩收回来,对流层整体呈球形。

另一方面,对流层顶从赤道地区上空逐渐向两极上空延伸,对流层顶的高度在逐渐地下降,当到达两极地区上空时,对流层顶的高度已下降到9千米高度。那么,磁场强度也应是这样,赤道地区上空磁场强度最弱,磁力线稀疏,逐渐向两极上空延伸,磁场强度逐渐增强,到达两极地区上空时,磁场强度最强,磁力线也最稠密,整体呈球形。

4. 对流层不再上升的理由

在对流层,温度是随着海拔的增高而降低,一般每升高1千米,温度大约会下降6.5℃,在对流层的顶部,温度不会再下降,大致保持在−60℃左右。

在赤道地区,由于阳光的直射,每个气体分子的体积是膨胀的。带着一定的上升力,这时的上升力要大于地球的吸引力。但每升高1千米的高度,温度就要下降6.5℃,同时气体分子的体积在收缩,上升力也在减小,这样1千米1千米地上升,气体分子的体积在一点点地收缩,上升力也在一点点地减小。当到达一定高度,上升力等于引力时,气体分子不再上升,被地球的吸引力拉住,达到平衡,停留在一定的高度,这是气体分子不再上升的理由。

5. 用磁场引力可解释科里奥利效应

"如果地球不自转,全球风将以直线型从两极吹向赤道。然而,地球始终在自西向东运转,这就使得相对于自西向东自转的地表,风的运行方向发生了偏转。这种因地球自转而导致风的运行路线弯曲的现象叫做科里奥利效应。它以一位法国数学家的名字命名,因为他于1835年研究并解释了该效应。"[34]根据科里奥利效应,风的运行方向发生了偏转,由原来的直线型方向,稍偏了东西方向,这种偏转用磁场引力

试解如下:

由于地球引力,作用在了气体分子身上,把大气分子拉在了地球周围,又由于地球自转,好像一个转动的气球,但在转动中气体分子不能与地球同步,在引力的作用下,也足以使气体分子偏转。由于纬度的不同,对偏转风的大小作一推论:

(1)偏转风由弱到强。

对流层顶从赤道地区上空逐渐向两极上空延伸,地理位置从赤道地区逐渐向两极地区靠近,地磁场的引力强度也在逐渐从弱到强,大气分子在引力强度的影响下也逐渐从稀薄到稠密,地转偏向力也在引力强度的影响下逐渐从小到大,所带气体分子也在逐渐增多,体现出来的风也会在逐渐地增强。随着地理位置从赤道地区逐渐向两极地区靠近,地磁场的引力强度会越来越强,地转偏向力也会越来越大,同时对流层顶的高度也在下降,气体分子伴随着高度的下降,在引力的作用下越来越稠密。地转偏向力所带气体分子会越来越多,风会越刮越大。当地理位置从赤道地区到达两极地区时,地转偏向力最大,所带气体分子最多,体现出来的风最大。

从赤道地区到达两极地区这一过程中,假如没有气体分子的存在,地转偏向力无法体现出来,有了气体分子的存在,就有了风的形成,力也就体现了出来。

(2)两极自转风。

当进入极地圈后,磁场强度最强,气体分子最稠密,大气层不再是围绕着球体,而是呈伞状贴近地球把极顶罩住,像似地球两极顶着两把无柄的伞。在地球自转引力的作用下,两把无柄的伞在两极顶上旋转,应是360°作圆周运动。两极地几乎一年四季在刮风,这应是360°自转风的原因。

6. 摩擦层

"在气象学上,一般把从地面至1000米高处称为摩擦层。空气在近地面附近运行时,地表会对它有阻力,例如,城镇多建筑物地带,平原多植物地带,山区多森林地带,平原与山区的多起伏地带,还有无数的大山和大川,这些对于流动的气流而言,会有摩擦阻力,风速一般会减弱。"[35]海洋风与陆地风比较,海洋表面不会有以上地带,海洋风相对于陆地风的流动要通畅的多,风速要大得多。

以上是陆地风和海洋风的受阻现象,这种现象可用地球引力来试解如下:

(1)地面摩擦力。

地球是一个大磁体，由于它的吸引力，会把气流吸引过来，越靠近地表引力越大，气流的阻力会越大，风速会越慢。气象学家曾测得："在离地面10米的高度上，平均风速为4.4米／秒。在离地面20米的高度上，平均风速为4.9米／秒。"[36]从低层到顶层1000米处，随着气流远离地面，地面吸引力会越来越小，气流会越来越大，风速会越来越大。

（2）海面摩擦力。

地球这个大磁体，表面大部分被海水覆盖，海水的平均深度在2000米左右，磁场的特性是越远离，吸引力越小。与地面风比较，海面风已被海水隔开，远离海底磁场2000米左右，这时海底磁场对风的吸引力减弱，海面风增强。

7. 季风

"季风指的是盛行风向随季节而发生显著变化的风。大陆和海洋之间大范围的风向随季节有规律地改变是海陆季风的一种重要特征，这种海陆季风在冬季由大陆吹向海洋，在夏季由海洋吹向大陆。"

"为什么风会随着冬夏季节的交替发生方向相反的变换呢？因为陆地土壤的比容热小，增温快，散热也快。而海水的比容热大，增温慢，散热也慢。大陆和海洋在一年里增热和冷却程度不同，就会形成季风。冬季大陆冷却快，温度比海洋上低，使大陆上的气压比海洋上的高，空气由大陆流向海洋。夏季大陆增热快，温度比海洋上的高，使海洋上的气压比大陆上的高，于是空气便从海洋流向大陆。这样，风向就随着冬夏季节的交替而发生了方向正好相反的变化。海陆之间气温差越大，气压差也就越大，季风就越强盛。"[37]

以上现象由气压差造成，这一现象加入磁场差来试解如下：

冬季大陆空间要比地面冷却快，同时温度比海洋空间低，根据气体分子的两面性，这时大陆空间的大气分子呈显磁性，容易被两极磁场互动吸引的磁气流拉动，空气流向海洋，在这里，磁场力的比重要大一些，陆地风吹向海洋。

在夏季，大陆空间的大气分子呈显电性，不易被磁气流吸引拉动，这时海洋上的气压要高于陆地，于是空气由海洋流向大陆，在这里，气压梯度力的比重要大一些，海风吹向陆地。

这种海陆季风之间既有磁场力的存在，也有气压梯度力的存在，这样，风向就随着冬夏季节的交替而发生了方向正好相反的变化。

十、气旋风

空气的运动形式呈多样性,在大气的千变万化中,除空气平流和空气对流以外,其中空气旋转运动最为常见。这种空气旋转运动也呈多样性,如大的空气旋转运动叫台风,或叫飓风,它的范围有大有小,从几十千米到几百千米到上千千米不等。小的空气旋转运动叫龙卷风,它的范围也有大有小,从十几米到几十米到上百米不等。再小的空气旋转运动气象学上叫尘卷风,通常叫旋风,它的范围也有大有小,从几米到几十米不等。这些旋转着的大气运动好像河流里的旋涡,气象学上叫气旋风。下面对气旋风作一探讨和论述,这种气旋风的形成应具有特定气候、特定环境。

1. 陆地气旋风

在冷热交替季节,气温的变化会忽冷忽热,这种忽冷忽热现象会在一天内出现,或在几天内出现,这就是春秋两季。

在春季是由冷到暖,太阳从南回归线返回,白天日照时间一天天加长,逐渐驱赶着寒气。同时寒冷的夜晚一天天缩短,冰冻的大地有了暖意。直到大地解冻,春暖花开到夏季。在冷热交替的季节里,冷热空气互融,温度始终呈上升趋势。

在秋季是由暖到冷,太阳从北回归线返回,白天日照时间一天天缩短,阳光的照射在逐渐减少,夜晚的寒意逐渐袭来。同时夜晚的时间一天天加长,到草叶枯黄。在冷热交替的季节里,冷热空气互融,温度始终是下降的。在这样的特定气候环境下,冷热空气在空间始终互相存在着,互相影响着,互补互融。在这样的特定气候环境下,空气表现出了两面性,热会使气体分子吸收能量,体积膨胀显示出电性;冷会使气体分子释放能量,体积收缩而显示出磁性。气体的电性和气体的磁性,时刻会互相影响着。

在初中已学过光的反射定律:"反射光线和入射光线与通过入射点的法线在同一平面上,反射光线和入射光线分居在法线的两侧。""反射角等于入射角。"[38] (见图3-9)

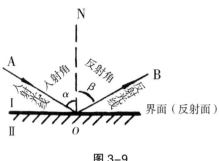

图 3-9

"实验表明，如果让光逆着原来反射的方向投射到界面上，那它就要逆着原来入射光的方向反射出去。可见，在光的反射现象中，光路是可逆的。"[38]当阳光照射的角度达到90°时（直射），依据反射定律，应该同样以直射的角度返回。但如果阳光照射到草丛中，森林上，这一反射现象应该会减弱或消失。看来，光的自然反射现象具有选择性。当阳光以一定的角度照射到不长草光秃秃的地带、起伏不平的丘陵地带、沙漠地带、白茫茫的盐碱滩地带，都会以一定的角度反射回去。但照射的地方不同，反射回去的阳光多少也应该不同，这里没有一个准确的比较数字。依据反射定律，当太阳照射到这些地方时，阳光总是要返回的。下面以这些地带为例，看如何刮起旋风。

假设阳光以三个不同角度照射到这些地带，对其情形作一分析：

①当阳光以30°~60°角照射到这些地带时，使这一地面（O—N轴的原点及周围）增温，这一地面上空的气体也在增温，使气体分子接受热能；同时，又以30°~60°角返回，光线在O—N轴的两侧照射，两侧的气体分子接受热能，但远离O—N轴，使得原点及周围和上空的气体分子、两侧的气体分子所接受的热能分散，不能集中。

②当阳光以60°~80°角照射到这些地带时，使这一地面（O—N轴的原点及周围）增温，这一地面上空的气体也在增温，使气体分子接受热能。同时，又以60°~80°角返回，光线已靠近在O—N轴的两侧照射，使得原点及周围上空的气体分子、两侧的气体分子所接受的热能互相靠近，比较集中。

③当阳光以90°角直射到这些地带时，使这一地面（O—N轴的原点及周围）迅速增温，同时这一地面上空的气体也在迅速增温，使气体分子接受热能。阳光在O—

N轴上垂直照射，同样以垂直角度返回，在同一空间位置，使气体分子又一次接受热能，在O—N同一轴上，热能聚集。

（1）入射角度与空间范围的关系。

从以上阳光照射的角度来看，有这样三点：

①30°~60°角阳光入射的角度与反射的角度呈大V字形，两侧分开范围大，热能不能集中，热能分散。阳光以小角度入射，同样以小角度反射，两侧远离O—N轴，空间范围扩大。

②60°~80°角阳光入射的角度与反射的角度呈小V字形，两侧分开范围小，热能比较集中。阳光以大角度入射，同样以大角度反射，两侧靠近O—N轴，空间范围缩小。

③90°角阳光垂直照射，入射角度在O—N同一轴上，反射角度在O—N同一轴上，气体分子处在这一空间位置，反复接受阳光的照射，热能聚集。阳光垂直照射，同样以垂直反射。在同一根轴上，空间范围为垂直。

可以看出，阳光入射的角度小，空间范围反而大，光线分散，成反比关系。阳光入射的角度大，空间范围反而小，光线集中，同样成反比关系。入射角度越小，空间范围越大，光线越分散；入射角度越大，空间范围越小，光线越集中，这是入射角度与空间范围的关系。

（2）在阳光的照射下，把气体分子所接受的热能区域范围假设划分了三个区，在这三个区内，气体分子又作怎样的运动（旋风）呢？作一推测：

当阳光以30°~60°角照射到大地（比如秃地）时，使这一地面增温，气体分子接受热能，电子会跑到某一轨道上运行，体积稍膨胀，此时上升力大于地面吸引力，向上升去，在上升的过程中，会有这样几种可能：

①会被平行磁力线拉动，成为平流风。

②由于处在冷热交替季节，会被周边冷空气冷却互融。

③由于入射角度小，反射角度也小，两侧远离O—N轴空间范围扩大，热能不能集中。阳光以30°~60°角照射秃地时，应该整体不会形成一股上升气流，还不能构成气旋风。当阳光入射角度大于60°时，才可形成气旋风。平常所出现和看到的旋风在白天的正午居多，在这里依这一现象给出角度假设：

当阳光以60°~80°角照射到大地（比如秃地）时，使这一地面增温，气体分子接受热能，由于入射角度大，反射角度也大，两侧靠近O—N轴，空间范围缩小，热能集中，原子内的电子会跑到高轨道上运行，体积膨胀，此时上升力大于地面吸引力，也大于磁力线平行拉动力，迅速向上升去。在上升的过程中，形成气体流。当电子跑到高轨道上运行时，呈显电性，那么气体流也呈显电性，并形成电场。有这样一股显电性气体流的电场，会去感应或拉动周边磁力线围绕气体流在四周运转，并形成磁场。周边磁力线身上同样带着气体分子，成为周边气体流围绕上升气体流旋转。这样上升气体流带着电流，就像法拉第演示的那根垂直带电的直导线，而周边气体流就成为围绕导线运转的磁力线，成为了一个垂直上升流动与平行流动的有机整体。这应是旋转风形成的机理。旋转风的形成，它再现了法拉第演示的全过程。

当阳光以90°度角照射到大地时，与上面形成过程基本相似，所不同点是：

照射范围最小，入射角度与反射角度同在O—N轴上，在同一空间位置。阳光入射在这个空间范围内，阳光反射也在这个空间范围内，这个空间范围内的气体分子，会得到阳光的反复照射。在这个空间范围内，阳光热能最聚集，最易形成旋转风。

2. 旋转风的大小

由于阳光入射的角度不同，空间范围的大小也不同，旋转风的大小由入射的角度而定。平常旋转风的直径并不很大，在几米至十几米范围之内，对应入射的角度这个范围很可能为60°~90°，旋转风的直径范围被入射的角度所局限。旋转风由60°角形成，旋转直径范围要大于70°角，旋转风由70°角形成，旋转直径范围要大于80°角。依次类推，60°角旋转直径最大，90°角旋转直径最小。平常旋转风的直径可看到一米左右的范围，应该由90°角形成。

（1）旋转风保持的时间与消失过程：

平常旋转风的时间并不很长，在几秒至几分范围之内。为什么时间会这么短？有这样几点。

①当旋转风形成后，会迅速远离原地。上升气流在上升，这些上升的气流分子是旋转风形成前膨胀的气体分子，这些分子需要一定的照射时间才膨胀的。现在旋转风在移动，上升气流仍在上升，如界不能供给膨胀的气体分子，上升气流就不在上升。由于空间已改变，现在阳光照射在旋转风上的是新的气体分子，使得气

体分子没有足够的时间来接受热能,体积不能膨胀,上升气流得不到补充,旋转风就不再形成。

②上升气流的温度应该会高于周边空气的温度。这股旋转风远离原地后进入到周边空气之中,温度高的要补给温度低的,温度高的被低温给冷却。高低温度互补,使上升气流降温,上升气流内的分子体积收缩,不能上升,上升气流消失,同时旋转风也消失。

③旋转风带有磁场,有可能被周边强磁场吸引,磁性被强磁场吸纳,磁场消失,旋转风解体。

(2)总结以上三点如下:

第一是上升气流得不到补充,旋转风不能再持续地旋转。

第二是上升气流的温度高于周边空气的温度,上升气流被周边空气冷却降温,上升气流内的空气分子体积遇冷收缩,不再上升。

第三是上升气流带有旋转磁场,磁场由磁力线组成,被大地磁场吸引,磁力线减少或消失,旋转风不再形成。

以上几条是旋转风迅速消失的原因。

3. 旋转风的高度

平常旋转风的高度并不很高,在几米、十几米至几十米范围之内,它的高度应建立在旋转风的持续时间长短的范围之内,同时也建立在旋转风的直径范围之内。旋转风的直径范围决定着旋转风持续时间的长短,照射角度又决定着旋转风的直径范围,照射角度越小,直径范围会越大。

比如在60°角所形成的旋风,呈大V字形,照射角度小,空间范围大,上升气流多,持续时间长,有足够的气流供给上升(物质基础),可升到最高高度。

比如在70°角所形成的旋风,呈小V字形,照射角度大,空间范围小,上升气流同时也少,持续时间相应要短,没有足够的气流供给上升(物质基础),可升到一般高度。

比如在90°角所形成的旋风,阳光垂直照射,空间范围最小,阳光的入射和反射在同一位置,热能集中,气体分子快速膨胀上升,当旋风旋转移动后角度改变,不能在同一位置照射,热能不能集中,气体分子不能快速膨胀上升,快速上升的气体流得不到及时的补充,气体流不再上升,同时高度也不再上升,90°角旋转风解体消失。

可以看出,在旋转风形成前,要有一定的照射时间,在这个照射区域范围内,使得每个气体分子的体积膨胀,这就是物质基础,然后上升形成气体流。一旦旋转起来,物质基础不再形成,也不再补充。

范围大的旋转风有足够的物质基础,可支持供给上升气流的持续时间长,上升气流可到达最高高度。而范围最小的旋转风没有足够的物质基础,在快速上升的过程中,物质基础迅速耗尽,可支持供给上升气流的持续时间最短,同时上升的高度也最低。

4. 旋转风的路径

当旋转风形成之后,有地面磁场力的存在,有空间磁力线拉动力的存在,有这二力影响着它的运动方向,它应刮向何方? 有以下几种情况:

(1)当自身旋转力小于地面吸引力时,应该被地面吸引力留住,在原地旋转。此时磁力线的拉动力始终存在,旋转力加上磁力线的拉动力应小于或等于地面吸引力,此时,旋转风是垂直的。

(2)当自身旋转力大于地面吸引力时,会远离原地,这时旋转力应加上磁力线的拉动力,有了拉动力的牵引,会刮向磁力线的流动方向。由于地面吸引力的存在,旋转风是倾斜的。

(3)当自身旋转力既大于地面吸引力,也大于磁力线的拉动力时,旋转风应该刮向哪里? 它不会停留在原地,应该刮向强磁场这一方向。由于地面磁场很不均匀,有强有弱,自身旋转风又带着磁场,自然会被强磁场吸引,旋转风应是倾斜的。如果这股旋转风的范围足够大,上升气流足够的多,可能会刮到强磁场这一地方。

旋转风整体表现如下:

(1)具有整体的倾斜性。上有磁力线的拉动力,下有地面磁场的吸引力。

(2)具有方向的随意性。在运动的线路上,突然会改变前进的方向。因为在运动的线路上,会有或左或右的地面磁场在等着它,在它靠近时,近磁场会变成强磁场,会把旋转风吸引。

(3)具有突然的消失性。指90°角形成的旋风。

(4)具有突然的出现性。指90°角形成的旋风。

（5）具有线路的不确定性，方向的随意性。由于左右磁场的吸引，表现出旋转风线路的不确定性。

（6）具有线路的确定性。旋转风带着磁场，整体显磁性，不管近地还是远地，哪里引力大，就奔向哪里，这是旋转风线路的确定性。

（7）具有整体摆动性。在行进路线的过程中，上有磁力线的拉动力，下有地面磁场的吸引力，从上到下整体表现出摇摆不定的状态。

十一、再论大地磁场

风的流动在时间上有随意性，在方向上有任意性，在大小上有强弱性。如何解释这些现象呢？还得从大地磁场说起，大地磁场具有以下三种特性：

1. 大地磁场的不可分割性

在魏格纳的理论中，地壳是飘移的，漂移的结果是地质学家已把地壳划分为六大板块，即太平洋板块、亚欧板块、印度洋板块、非洲板块、美洲板块和南极洲板块。在六大板块内又分为中小板块，在中小板块内又被地质学家划分为碎片区，在碎片区里，有的几百千米到几十千米，从几十千米到几千米，使得地质岩石东一块，西一块。

有这样一块长形磁铁，一端是N极，另一端是S极。当把长形磁铁分割后，两块的各自两端都具有N—S两极，继续分割，每块都具有N—S两极，分割到非常小的块时，两端仍具有N—S两极，这是磁的不可分割性。大地磁场类似于这一块长形磁铁，比如，当地壳分离为两块时，各自的两端都应具有N—S两极，继续分离后的六大板块区，各自的两端都应具有N—S两极。分离后的中小板块区，各自的两端都应具有N—S两极。分离后的碎片区，各自的两端都应具有N—S两极。从几百千米到几十千米，从几十千米到几千米，各自的两端都应具有N—S两极，不会出现单一的N极板块区或单一的S极板块区，这应是大地磁场的不可分割性。

2. 大地磁场的强弱性

（1）与地质元素有关。含铁元素多，磁场应强，强的理由是它易吸收磁力线；含铁元素少，磁场应弱。

（2）与高低温度有关。所在区域温度高，磁场应弱，比如赤道区域；所在区域温度低，磁场应强，比如两极。

（3）与地理环境有关。纬度越高，磁场越强，比如两极地区；纬度越低，磁场越弱，比如赤道地区。

上面3条应是造成大地磁场强弱的主要原因，同时也是造成大地磁场不均匀的主要原因。

3. 大地磁场的对应性

大地像条形磁铁那样，总是N极对应S极，两端磁场最强。比如地球磁北极N极最强磁场总是对应磁南极S极最强磁场，在六大板块区内，各自的两端都应具有N—S两极，N极总是对应S极。

在六大板块区内对应关系类似于两极，应有这样几点：

（1）某一板块区的N极最强磁场，对应另一板块区的S极最强磁场。

（2）某一板块区的N极强或中强磁场，对应另一板块区的S极强或中强磁场。

（3）某一板块区的N极中弱或弱磁场，对应另一板块区的S极中弱或弱磁场。

类似于地球两极的对应关系，在中小板块区内对应关系应有这样几点：

（1）某一中小板块区的N极最强磁场，对应另一中小板块区的S极最强磁场。

（2）某一中小板块区的N极强或中强磁场，对应另一中小板块区的S极强或中强磁场。

（3）某一中小板块区的N极中弱或弱磁场，对应另一中小板块区的S极中弱或弱磁场。

类似于六大板块区内的对应关系，在碎片区内对应关系应有这样几种：

（1）在某一碎片区中的N极最强磁场，对应另一碎片区中的S极最强磁场。

（2）在某一碎片区中的N极强或中强磁场，对应另一碎片区中的S极强或中强磁场。

（3）在某一碎片区中的N极中弱或最弱磁场，对应另一碎片区中的S极中弱或最弱磁场。

类似于中小板块区内的N—S两极对应关系，还有更小碎片区的吸引流动，对应关系类同，依此类推。

为什么会有这样的对应关系,有这样几点:

(1)强强磁场之间的吸引互动。

由于强磁场与强磁场之间的引力吸引的距离要大于弱磁场的引力吸引的距离,比如地球两极磁场的吸引,它的磁场最强,吸引距离最远。强弱磁场相互之间在未吸引前,强磁场与另一强磁场之间早已吸引互动。

(2)相同磁场之间的吸引互动。

N—S两极磁场的吸引互动,应是相同范围相同磁场强度的互动,流出去多少磁力线,再流回多少磁力线,保持N—S两极磁场的正常流动。

(3)强弱磁场之间的吸引互动。

磁场的强弱应是磁力线稠密与稀疏的关系,稠密为强,稀疏为弱。当稠密强磁场吸引稀疏弱磁场时,弱磁场的磁力线会被强磁场吸引,当弱磁场N极流出磁力线后,N极已经失去了磁力线,这时要得到S极的补充,S极吸收的磁力线不能储存和堆积,N极要吸引S极,S极的磁力线又会流回到N极,这样形成强弱磁场之间的吸引互动。

十二、自然风的三种特性

在平常刮的自然风中有这样三种特性:随意风的随意性、任意风的任意性、大小风的大小性。

1. 随意风

这种风的运动是不固定的,只要有合适的条件,会随时出现。比如在碎片区的范围之内,在某一碎片区中的N极中弱或最弱磁场,去对应另一碎片区中的S极中弱或最弱磁场时,这时N—S两极磁力线吸引互动,在磁力线的流动中,会把空间显磁性的氮氧分子和水汽分子吸引拉动,空气开始移动,这时风已形成。

通过这样几点可形成随意风:

(1)磁力线的拉动力正好大于氮氧分子和水汽分子的上升力,前提条件是空间无强烈的阳光照射。

(2)空间无强烈阳光照射的时间(一早一晚),空间无强烈阳光照射的日子(春秋两季)。

(3)处在小范围的碎片区,如几千米、十几千米、几十千米到上百千米。

(4)处在小范围的碎片区,在春秋两季,这种随意风会频繁出现,或是微风,或是小风。

(5)在春秋两季,如果这种碎片区集中在十几千米到几十千米,或上百千米到几百千米,或更大的范围之内,可能存在着更多片N—S两极磁力线吸引互动,这种随意风会频繁出现。

2. 任意风

对方向而言,这种风的运动方向是任意的,不固定的,只要有合适的条件,会随时出现。比如在碎片区的范围之内,在某一碎片区中的N极中弱或最弱磁场,去对应另一碎片区中的S极中弱或最弱磁场时,这时N—S两极磁力线吸引互动,在磁力线的流动中,会把空间显磁性的氮氧分子和水汽分子吸引拉动,空气开始移动,这时风已形成。这时风的方向由碎片区N—S两极磁力线流动的方向而定,N—S两极磁力线流动的方向如果是由东流向西,这时应该刮的是东风;N—S两极磁力线流动的方向如果是由北流向南,这时应该刮的是北风。以此类推,或西风,或南风,或东北风,或西南风。

如果处在小范围的碎片区,如几千米、十几千米、几十千米到上百千米,这种任意风应会随时出现。如果这种碎片区集中在上百千米到几百千米或更大的范围之内,可能存在着更多片N—S两极磁力线吸引流动,这种更多片的吸引流动在方向上是任意的,在春秋两季,这种任意风应会频繁出现。

3. 大小风

(1)如果处在某一碎片区中的N极最强磁场,去对应另一碎片区中的S极最强磁场,如几十千米到几百千米到上千千米的碎片磁场区,有最强磁场的吸引互动,N—S两极磁力线吸引流动,在磁力线的流动中,会把空间显磁性的氮氧分子和水汽分子吸引拉动,空气开始移动,这时风已形成。由于是最强磁场的吸引流动,磁力线是稠密的,带动的氮氧分子和水汽分子也是稠密的,同时磁场力是最大的,这时空气的流动是最快的,这时应把它称为大风或强风。

(2)如果处在某一碎片区中的N极强或中强磁场,去对应另一碎片区中的S极强或中强磁场, 如几十千米到几百千米的碎片磁场区, 有强或中强磁场的吸引互动, N—S两极磁力线吸引流动, 在磁力线的流动中, 会把空间显磁性的氮氧分子和水汽分子吸引拉动, 空气开始移动, 这时风已形成。由于是强或中强磁场的吸引流动, 磁力线稍稠密, 带动的氮氧分子和水汽分子也是稍稠密, 同时磁场力是稍大的, 这时空气的流动是稍快的, 这时应把它称为中强风。

(3) 如果处在某一碎片区中的N极中弱或最弱磁场, 去对应另一碎片区中的S极中弱或最弱磁场, 如几十千米到上百千米或几百千米的碎片磁场区, 有中弱或最弱磁场的吸引互动, N—S两极磁力线吸引流动, 在磁力线的流动中, 会把空间显磁性的氮氧分子和水汽分子吸引拉动, 空气开始移动, 这时风已形成。由于是中弱或最弱磁场的吸引流动, 磁力线半稀疏或稀疏, 带动的氮氧分子和水汽分子也是半稀疏或稀疏, 同时磁场力是中弱或最弱的, 这时空气的流动是缓慢的, 这时应把它称为小风或微风。

以上是一个大概的粗略划分, 风力的大小应源自磁场的强弱, 它俩密不可分。

十三、特别的风

由上面大地磁场具有的三性, 结合大气的两面性, 还可生出特别的风, 它们是风切变、飑、峡谷风、焚风等。

1. 风切变

"风切变是指在上下或左右很短距离内, 风向和风速发生较大的变化, 以及升降气流突然变化的现象。" "1984年4月4日早晨, 广州白云机场有一架法国道达而'空中国王—200'型飞机, 准备飞往香港, 机上共有8人, 包括机组人员。上午10时前, 天上白云朵朵, 大约只过了半小时, 一片黑云从西北边飘来。又过了20分钟, 黑云就布满了机场的天空, 云幕下稀稀拉拉地滴了雨滴。一阵强风掠过机场, 几分钟后, '空中国王—200'沿跑道从南向北起飞, 起飞后上升到135米高度不久, 飞机即失控坠毁, 机上所有乘客全部丧生。这是低空风切变造成的飞行事故。" [39]

"当飞机起飞、着陆进入积雨云的下冲气流时, 由于下冲气流的下泻和外冲作用, 进场下滑或起飞上升的飞机, 将先受到逆风, 然后是下泻气流, 再后是顺风的摆布,而不能循其正常的下滑或上升的轨迹接地和升空。这种风切变风向突然改变,风速达每秒几十米,甚至可达每秒60~70米。低空风切变现象出现的高度通常不超过600米。"[40]

对这一事件它如何发生作一点分析和探讨:

首先在机场上空有积雨云,积雨云团由氮氧分子和水汽分子组成,应呈显磁性。机场地下及机场周边应有地下强磁场,强磁场会把积雨云团吸引拉下来。地下强磁场的N—S两极是定位的,或东西或南北,可积雨云团在空中是移动的,它的极性方向N—S极是不定位的,在大地磁场的引力作用下,在移动中是可调整的,当调整对应地下磁场N或S极向时,会被大地强磁场吸引拉下,或者是互吸。应是云团N或S极的磁力线与地下强磁场的N或S极的磁力线对应互吸流动,磁力线在对应流动的过程中会吸引拉动显磁性的氮氧分子和水汽分子,由于大地磁场是固定的,会把云团拉得很近,在下拉的过程中气流是下冲或下泻的。这时下冲气流的力不是重力,它已经转变为磁力,是地面磁场与云团磁场之间的互动吸引力,地面磁场N或S极磁力线流向云团N或S极,然后磁力线云团N或S极再流向地面磁场N或S极,或者是相反的,因为是对应。在这一空间区域正好有飞机起飞或降落时,会被下冲气流"撞击",氮氧分子和水汽分子带着磁场吸引力,会轻易地把飞机吸引拉动过来,卷入进气流中,然后飞机随着气流运动,或下降或摇摆或抖动,或旋转。这股下冲气流类似于龙卷风的大象鼻子,应是它的雏形,只是不能形成,同时气流在下冲的时候应该是旋转的。

在云团内有什么?有99%的氮氧分子,然后再加入进水汽分子,比例可能会大于氮氧分子,这样3种气体分子加在一起应在200%左右,云团更稠密。为什么这样稠密?因为它们都呈显磁性,相互是吸引的。当它们处在低温下,显磁性更强,吸引力更大,当它在空中移动时,会遇到地面强磁场,会自然吸引结合。由于两磁场一静一动,会把云团拉得很近,比如飞机在135米的高空失控坠毁,说明把云团拉得很近,同时说明N与S两极是对应强磁场。

对这类事故如何防范,有这样2点:

(1)首先应测出地下磁场,是弱是强,然后观测积雨云团的高度、薄厚和大小,再决定飞机是否正常起飞。对小型飞机而言最易受到风切变伤害,因为小型飞机的动力不足以抵抗磁场的引力。

（2）机场的地址选择应远离地下强磁场。

2. 飑

飑："气象学上指风向突然改变，风速急剧增大而且常伴有阵雨的天气现象。"[41]

"1974年6月17日上午，南京地区天气特别晴好，午后才出现少量的白云，像一片一片的棉花，孤零零地漂浮在蔚蓝色的天空上。到了下午18时左右，一条乌黑的云墙（积雨云带）突然从北方涌来，乌云翻滚，顿时天昏地暗，雷电交加，暴雨倾盆，狂风咆哮。据气象观测记录表明，当时的瞬间风力达12级以上，平均风力也在10级左右。短时间内气温下降11℃，相对湿度升高29%。1小时内气压涌升8.7百帕，雨量达34毫米。这种突如其来的剧变天气从当天18：30时开始，到20时就像急刹车似的一下子消失了。原来，南京地区遭受了一次飑的突然袭击。"[42]

"那是1837年3月的一天，傍晚6时前后，英国的一艘帆船战舰——'欧列狄克'巡洋舰远航归来。那一天，刮着刺骨的寒风，下着雨夹雪。前面海港的轮廓在望，水手们已经看到了迎接战舰的人们。刹那间，完全出乎意外，飑突然袭来，惊慌失措的人们纷纷被狂风吹倒在码头上。大量的雪片遮盖了地平线，白昼变成了黑夜。海上翻腾着巨浪。这种异乎寻常的自然现象延续了不过5分钟，狂风突然停息了，雪止了，天也晴了，但是巡洋舰却连一点踪影都不见了。一直到几天以后，潜水员们才在海港入口处的海底找到了这艘战舰。"[43]

对飑它是如何发生作一点分析和探讨：

（1）这种飑的形成与风切变类似，首先天空有少量的白云，而后是一条积雨云带突然从北方涌来，乌云翻滚，积雨云带仍是由氮氧分子和水汽分子组成，应呈显磁性，形成强磁场。在南京地区地下应有强磁场，强磁场会吸引积雨云带，或者是对应互吸，这是一静一动的互吸，由动磁场在移动中调整极性方向，达到上下磁场互吸，最终形成磁力线循环流动。磁力线在流动的过程中会吸引拉动显磁性的氮氧分子和水汽分子，由于大地磁场是静磁场，会把云带拉得很近，在下拉的过程中气流是下冲或下泻的，这时下冲气流的力不是重力，它已经转变为磁力，是地面磁场与云带磁场之间的互动吸引力。

（2）当舰艇回港时，在海港区域正好有飑形成，舰艇会被下冲气流"撞击"，氮氧分子和水汽分子带着磁场吸引力,会轻易地把舰艇卷入进气流中,然后舰艇随着气流运动,或旋转或下沉。这股下冲气流类似于龙卷风的大象鼻子,应是它的雏形,只是不能形成,同时气流在下冲的时候应该是旋转的。

飑对海港的突然袭击前后仅有5分钟,为什么会消失如此之快?由于下冲气流是从积雨云带中拉出,移动速度又很快,会远离海港,在远离海港的过程中,地下强磁场会逐渐地减弱。这时地下强磁场不能把下冲气流拉住,积雨云带会把下冲气流及时地收回,因为它是被地下强磁场拉出的,事实是积雨云带始终吸引下冲气流,当地下强磁场减弱或消失,飑也减弱或消失。

对这类事故如何防范,有这样2点:

(1)要测出地下磁场是弱是强,在舰艇入港前要观测天空有无积雨云带,对小型舰艇而言,最易受到飑的伤害,因为小型舰艇的动力不足以抵抗磁场的引力。

(2)海港的地址选择应避开地下强磁场。

对上升气流的一点补充:

由于积雨云团始终吸引下冲气流,当云团在翻滚中会有极性改变,N或S两极不对应地下强磁场时,地下强磁场不再吸引N或S两极,这时云团会把下冲气流拉回,此时下冲气流为上升。在云团翻滚对应时,气流又被地下磁场吸引,此时气流为下冲。这股气流为共用气流,可上升,可下冲。

从风切变到飑的形成,应具备这样两个条件:

第一个是地下应有强磁场。

第二个是天空应有积雨云团或云带。

天空中积雨云团或云带从那里来?有这样3种可能:

(1)远处有云团,这一云团由风的力推过来,为顺风云团。

(2)远处有云团,这一云团由地下磁场力吸引过来,为吸引云团。

(3)由三气体分子自然吸引聚积形成云团为自然吸引云团。

在天空,大气分子和水汽分子会受阳光照射的左右,在高温时呈显电性,在低温时呈显磁性。在春秋两季,天空无强烈阳光的照射,大气应处在低温中,这时氮氧分子和水汽分子应呈显磁性,这种显磁性的三种气体分子会互相吸引,在吸引中聚积,在聚积中吸引,继续吸引,继续聚积,一直聚积成云团,从小云团到中云团,再到大云团。这时大云团具有了一定的磁性，同时形成了一定的磁场，有足够的引力去吸引地下强磁场，同时地下强磁场也在吸引它。大云团是动磁场，被地下强磁场吸引拉动，三气体分子部分离开大云团形成下冲气流，水汽分子下冲的是雨滴，氮氧分子下冲的是气流。应该说这种突然的风切变和飑，由第3种自然吸引云团引起的比例最大。

3. 峡谷风

"当气流从开阔地区向两山对峙的峡谷地带灌注时，由于空气不能在突然变窄的峡谷内大量堆积，于是气流将加速流过峡谷，风速相应增大，这种现象通常叫做地形对气流的峡管效应。这种比附近地区风速大得多的风叫做峡谷风。"[44]

"中国兰新铁路沿线的烟墩、七角井、十三房、吐鲁番一带，是著名的百里风口区。这里风速很大，一旦风起，便在 8 级以上，飞沙走石，能把人吹走，甚至把火车吹脱轨。

"阿拉山口气象站在艾比湖畔的戈壁滩上，位于隘口东端附近，每年平均有8级以上大风166天，风速常达40米/秒以上，曾经刮倒风向杆，吹坏风速仪。气象站的同志在测风时常用粗绳系身，卧地爬行，以免被风吹走。因此，艾比湖有"风湖"之称。"[45]

这种峡谷大风产生的原因有这样三种可能。

(1) 磁场效应峡谷风：

一座山脉形成后有起点，有终点，有东西走向或南北走向或更多走向，这么多走向都应处在碎片区中，碎片区可把整座山脉分成多段。山脉具有磁性，带有磁场，它像条形磁铁那样，N—S两极在走向的两端，它可存在于山脉分成的多段中。假设山脉的东端为N极，西端为S极，这是此段山脉磁力线极性流动的方向，在整座山脉的弯曲处，可能会出现又一种极性的流动方向。

峡谷风，是大气流动的又一种形式，它应处在这样一种碎片区中：如果处在某一碎片区中的N极最强磁场，去对应另一碎片区中的S极最强磁场。如几十千米到几百千米的碎片磁场区，有最强磁场的吸引互动，N—S两极磁力线吸引流动，在磁力线的流动中，会吸引拉动空间显磁性的氮氧分子和水汽分子，空气开始移动，这时风已形成，应把它叫磁场效应峡谷风。

由于是最强磁场的吸引流动,磁力线是稠密的,带动氮氧分子和水汽分子也是稠密的,同时磁场力是最大的,这时空气的流动是最快的,这时应把它称为大风或强风。属强气流的一种流动,是峡谷风产生的第一种原因。

它所处范围应有两种:

①以峡谷的总长度为一整块碎片区,一端为N极,另一端为S极,N—S两极磁力线吸引流动,形成峡谷风,可认为本身峡谷风。整块碎片区的范围为几十千米,或上百千米,或几百千米。

②以峡谷的总长度为碎片区的一部分,或者是峡谷正好处在碎片区的中心,与另一碎片区的N或S两极吸引流动,形成两碎片区之间吸引峡谷风。每块碎片区的范围为几十千米,或上百千米,或几百千米。

(2)峡管效应峡谷风:

如书中所说:"当气流从开阔地区向两山对峙的峡谷地带灌注时,由于空气不能在突然变窄的峡谷内大量堆积,于是气流将加速流过峡谷,风速相应增大"。[46]这是峡谷风产生的第二种原因。

(3)磁场效应加峡管效应峡谷风:

既有磁场的吸引力,又有空气的灌注力,磁场效应与峡管效应合二为一时,风力更大,流速更快,这是峡谷风产生的第三种原因。

在第一种和第二种单独存在时,都可形成峡谷风。

磁场效应会受到阳光照射强弱的左右,当阳光照射强时,N—S两极磁场强度减弱,同时吸引流动减弱,此时峡谷风以磁场效应为辅,以峡管效应为主。

当阳光照射弱时,N—S两极磁场强度加强,同时吸引流动也加强,此时峡谷风以峡管效应为辅,以磁场效应为主。

峡谷风产生的第三种原因可突现这样2点:

①当磁场效应与峡管效应合二为一时,为最强风。

②当磁场效应与峡管效应互补时,刮风的天数为最长。

4. 梵风

"在气流从高气压向低气压流动的过程中,遇到山脉阻挡时,便被迫沿着迎风面的山坡爬升,然后翻越山脊沿着背风面山坡飞泻而下,下泻吹的是一种热而干燥的风,气象学上称它为'梵风'。气流翻越山顶顺坡沉降,每下降100米,气温升高1℃。这就是说,当空气从海拔4000~5000米高大的山岭沉降到山麓的时候,气温就会升高20℃以上。"[47]

"世界上最著名的梵风发生在欧洲的阿尔卑斯山北坡。据记载,在阿尔卑斯山北坡,奥地利莫的布克地区,梵风平均每年有75天,最多的年份达104天,最少的年份也有48天,以春季最多,夏季次之。梵风每次持续8小时,最长可持续57小时之久。当梵风盛行时,气温在几小时内可增高10℃以上,曾观测到3分钟内增高17℃的剧烈变化。梵风会使初春顿时变得像盛夏那样;在夏季,会使天气更加闷热,常使果木和农作物干枯,产量大大降低。"[48]

这种梵风与众不同,有这样4个特点:

(1)它是热风,空气不是垂直上升,而是平流,

(2)它十分干燥。这种干燥风,应该含水汽很少,大部分应由氮氧分子组成,由于氮氧分子显电性,这种带电的风迎面刮来会给人以灼伤的感觉,也常使果木和农作物干枯。

(3)这种平流风应有动力,但这种动力,气压梯度力不能给出,因为大气流动由高低压力差形成,这种压力差由高低温度所产生,从低温高压区流到高温低压区,形成平流风。这种梵风,一直刮的是热风,温度差应该很小。

(4)这种平流风流动的动力,磁力线的拉动力不能给出,因为磁力线拉动的氮氧分子是冷粒子,呈显磁性,可氮氧分子是热粒子,呈显电性。

以上3点和4点应不能使热风流动,可它一直在流动。那么它的动力来自哪里?

热风应由显电性的氮氧分子构成,它如何流动起来?再从气旋风说起:

当阳光照射到大地时,气体分子接受热能,使这一空间增温,同时体积膨胀而上升,在上升的过程中,形成气体流,依据大气具有的两面性,这时气体流呈显电性,并形成电场。有这样一股显电性气体分子的流动,会拉动周边磁力线,围绕气体流旋转,并形成磁场。这样上升气流带着电流,就像法拉第演示的那根垂直带电的直导线,周边又有围绕导线运转的磁力线,成为一个个同心圆,形成一个有机的整体运动,这应是旋转风形成的机理,也是安培电流的磁效应。依据这一旋转机理,再来看看梵风怎么流动起来:

　　奥地利处在阿尔卑斯山脉的东段，东西走向呈长形，山脉具有磁性，带有磁场，它像条形磁铁那样，N—S极在两端。假设山脉的东端为N极，西端为S极，则这是此段山脉磁力线极性流动的方向，也是奥地利莫的布克地区的极性流动的方向，因为山脉的地下两侧要延伸出去远离山脉，或几千米、几十千米，或上百千米或更宽，极性流动也更宽，在莫的布克地区的地下和地上应处在同样一个宽度上，地面以上磁力线流动就在这一宽度上。在气流从高气压向低气压流动的过程中，遇到山脉阻挡时，便被迫沿着迎风面的山坡爬升，然后气流翻越山顶顺坡沉降，每下降100米，气温升高1℃。阿尔卑斯山脉的平均海拔高度在3000米左右，当气流顺坡下降到地面时，气温就会升高20℃~30℃。此时，这股气体流中的氮氧分子、水汽分子已呈显电性，顺着下沉力远离山脉，流向莫的布克地区。流动的方向应从南向北，与山脉的东西方向垂直，与N—S极性垂直，这样地上与地下流动着磁力线，空间南北平行流动着呈显电性的气体分子，并带着电场，会把地面以上磁力线拉动，围绕气体流旋转，并形成磁场。这样平行流动着的气体流（电流），类似于法拉第演示的那根直导线，地上流动着的磁力线，类似于直导线周边的磁力线，会被平行流动的气流（电）吸引，围绕气流运转，形成一个有机的整体运动。它的范围应是：此段山脉的北坡再向北莫的布克地区为"直导线"的长度范围，它的"直径范围"应是此段山脉的两端。这根"特殊的直导线"有了这样一个有机的整体范围运动，磁力线被气流吸引，反之气流又被磁力线吸引，形成一个磁电有机的旋转互动，驱使氮氧分子形成平行的流动，这时氮氧分子的流动会源源不断，因为只要有上升气流的补充，就会保持在一定长的时间段内，比如8小时或57小时之久。这应是梵风的形成机理，也是安培电流的磁效应，梵风的动力应来自电场与磁场的互动。

　　在这一系统中，呈显电性的热空气的平行流动类似于气旋风中的上升运动，围绕气流旋转的磁力线类似于气旋风中磁力线的旋转运动，并垂直于平流风。在形成热风平流的系统中梵风是"躺"着的，在形成气旋风的系统中是梵风"站"着的，同样都是安培电流的磁效应。

　　这种梵风也应有强有弱，由温度的高低决定。温度高时，电性增强，但大地磁场减弱，N—S两极流动的磁力线稀疏，围绕气体流旋转的磁力线也稀疏，形成电场与磁场的互动力减弱，这时平流风的流动减弱。温度低时，磁性增强，N—S两极流动的磁力线稠密，围绕气体流旋转的磁力线也稠密，形成电场与磁场的互动力加强，这时平流风的流动加强，二者之间应在一个适当的温度范围之内，比如春季的温度，应是梵风的频发期。

温度更高时，电性更增强，大地磁场更减弱，N—S两极流动的磁力线更稀疏，围绕气体流旋转的磁力线也更稀疏，形成电场与磁场的互动力更减弱，这时平流风的流动减弱或消失，比如夏季的温度。

5. 寒风的出现

在奥地利莫的布克地区，冬季应该有寒风的出现。在温度更低时，氮氧分子不再显电性，而呈显磁性，同时大地磁场更增强，N—S两极流动的磁力线更稠密，空间气体跟着磁力线流动，形成或东或西的平流风。如果此段山脉处在碎片区，与另一碎片区有对应关系，在对应关系的方向上，平流风或东西，或南北，或更多方向上的流动。

参考文献

[1] 迈克尔，阿拉贝. 飓风. 刘淑华译. 上海：上海科学技术文献出版社，2011：82~83.

[2] 同[1].

[3] 金传达. 天空趣象. 北京：气象出版社，2006：162.

[4] 同[3].

[5]迈克尔·阿拉贝. 龙卷风. 朱晓宁译. 上海：上海科学技术文献出版社，2011：140.

[6] 金传达. 天空趣象. 北京：气象出版社，2006：149.

[7] 帕迪利亚. 科学探索者：天气与气候. 徐建春，郑升译. 杭州：浙江教育出版社，2003：32~36，30~27.

[8] 同[7].

[9] 同[7].

[10] 初级中学课本：化学（全一册）. 北京：人民教育出版社，1987：11, 37.

[11] 葛云鹏. 中学生物理知识百科全书. 延吉：延边人民出版社，2003：318.

[12] 初级中学课本：物理（第一册）. 北京：人民教育出版社.

[13] 葛云鹏. 中学生物理知识百科全书. 延吉：延边人民出版社，2003：875，878，356～357，318.

[14] 同[13].

[15] 同[13].

[16] 同[13].

[17] 同[13].

[18] 初级中学课本：化学（全一册）. 北京：人民教育出版社，1987：37.

[19] 尼查耶夫. 化学的秘密. 王力译. 海口：南海出版公司，2002：43，99.

[20] 同[19].

[21] 初级中学课本，化学（全一册）. 北京：人民教育出版社，1980：39，37.

[22] 同[21].

[23] 尼查耶夫. 化学的秘密. 王力译. 海口：南海出版公司，2002：34.

[24] 卢卡夫·弗拉伯利. 神奇的物质. 刘京晓译. 济南：明天出版社，2002：20.

[25] M.威特曼. 神奇的粒子世界. 丁亦兵译. 北京：世界图书出版公司北方公司，2006：46.

[26] 林文廉. 让射线造福人类. 北京：北京师范大学出版社，1997：21.

[27] 祁炜. 科学未解之谜. 北京：中国华侨出版社，2000：66～72.

[28] 初级中学课本：化学（全一册）. 北京：人民教育出版社，1987：36～37.

[29] 初级中学课本：物理（下册）. 北京：高等教育出版社，1990：201～203.

[30] M.威特曼. 神奇的粒子世界. 丁亦兵译. 北京：世界图书出版公司北方公司，2006：175～177，288～289，63.

[31] 同[30].

[32] 陈功富. 全息宇宙. 长春：长春出版社，2000：178.

[33] 初级中学课本：物理（下册）. 北京：高等教育出版社，1990：83.

[34] 帕迪利亚. 科学探索者：天气与气候. 徐建春，郑升译. 杭州：浙江教育出版社，2003：57.

[35] 金传达. 天空趣象. 北京：气象出版社，2006：106～112.

[36] 同[35].

[37] 同[35].

[38] 初级中学课本: 物理（下册）. 北京: 上海高等教育出版社, 1990: 145.

[39] 金传达. 天空趣象. 北京: 气象出版社, 2006: 126~127.

[40] 同[39].

[41] 新华字典. 北京: 商务印书馆.

[42] 金传达. 天空趣象. 北京: 气象出版社, 2006: 128~130, 136~137, 131~132.

[43] 同[42].

[44] 同[42].

[45] 同[42].

[46] 同[42].

[47] 同[42].

[48] 同[42].

第四章　台风

　　台风在气旋风中属最大的风。由于它形成于海上，不同于尘卷风，为风中之最。它有着完整独特的形成过程，自成一体，在风的系列中，把它作为一章专门来论述。

　　台风在每年夏秋两季总是出现在洋面上，它形成后的直径范围有上百千米，至几百千米，至上千千米，直径范围如此之大，可称为海上的巨无霸。(如图4-1)[1]

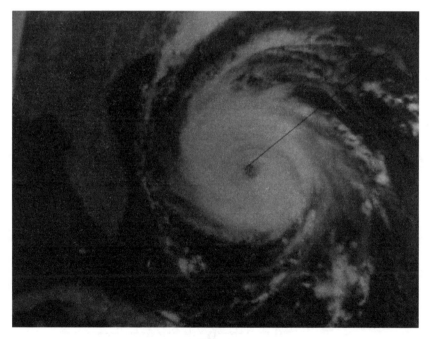

图 4-1

　　它带着无穷大的力量，以旋转的方式运动前行，目的地总是奔向岛屿和陆地，一旦到达这些地方，就开始释放能量，如冲毁海堤，破坏城镇，毁坏村庄、农田和道路，拔起大树等，使沿海地区人民深受其害。在这样一种特大自然灾害现象面前，百万年来，人类一直在无奈地接受它，在接受中认识它，在认识中去抗衡它。现在人类已经能够准确地预报它，可以大大地减少台风对沿海人民造成的损失。但它所经过的地方损失还是巨大的，对台风的了解，如台风所形成的内在机理还须进一步再去认识它。

在相关书籍中对台风的描述：

"台风的直径从数百千米到1000千米，有的甚至达到2000千米。台风顶部离地面15~20千米，少数可达27千米。它周围的空气急速地向中心附近挤来，形成一个近于圆形的暖心气旋性空气大涡旋，涡旋在北半球按逆时针方向旋转，在南半球按顺时针方向旋转，风力很强。但在台风中心有一只黝黑的眼睛，就是气象学上说的台风眼，台风眼的直径为5~50千米，大的直径超过100千米。这里以下沉气流为主，风轻浪静，白天这里有蓝色的天空和明媚的阳光，晚上则可见星星和月亮。"[2]（如图4-2）[3]

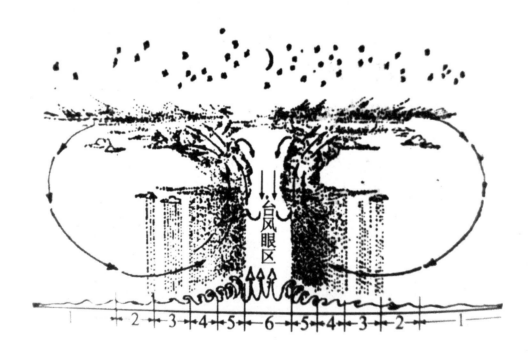

图 4-2

"台风眼的四周环抱着高耸的云墙，称为台风眼壁，在眼壁区，由于有强烈的上升气流, 一般可形成8~20千米宽、8~12千米高的螺旋状积雨云。在眼壁区下面, 狂风呼啸, 大雨如注, 是整个台风系统中天气最恶劣的区域。台风整体的外围为内螺旋云带, 一般由积雨云或浓积云组成。云带附近也会造成大风和阴雨天气, 到了台风边缘区, 为外螺旋云带, 一般由塔状的层积云或浓积云组成。台风实质上就是一团暖空气, 越向台风中心温度越高, 但在螺旋云带区, 温度向内升高不太剧烈, 温度升高最剧烈区域在云墙区和眼区, 台风内最高温度出现在眼壁内缘, 所以当台风眼经过时, 气温有时会突增5~6℃, 甚至10℃以上。""台风也是一个强大的低压系统, 越向台风中心气压越低, 云墙区内气压最低, 一般达到990~870百帕。因此, 当台风过境时, 气压急剧下降, 最后达到最低点。"[4]这是台风形成后的基本状态描述, 有直径范围, 有高度, 有眼区, 在眼区内以下沉气流为主, 同时温度最高, 气压最低。有眼壁区, 在眼壁区内以上升气流为主。

那么台风的形成过程又是如何呢, 书中描述:

"在赤道附近的热带洋面上, 太阳一年到头像火一样地照射着, 海水的温度高, 海面上的空气被海水烘热, 并含有大量的水汽, 这种湿热空气因膨胀变轻, 就向上飞升, 当遇冷凝结成云雨时, 又释放出大量的热能, 这样, 空气的含热量增加得更快, 上升得更快, 四周较凉爽的空气便流进来补充。这些填充进来的空气又很快的受热, 变湿, 膨胀, 变轻, 上升, 使上升气流的规模越来越大。上升的空气到达上空后, 就向四面八方扩散开来, 而向四周扩散的空气变冷后, 又再降下来。当四周较冷的空气向暖湿的洋面汇集时, 由于地转偏向的结果, 在暖湿的洋面上及近洋面气层中造成了一个弱的热带涡旋, 台风就由这种弱的热带涡旋发展成长起来。"[5]

通过以上书中描述, 作以下讨论:

一、在眼区内有哪些物质

有水汽分子, 这是从海水蒸发而来; 有氮气分子和氧气分子, 这是大气层内原有分子。在眼区内有这三种气体分子存在, 它们的比例应是多少呢? 应该仍是氮气分子占78%, 氧气分子占21%, 它俩的比例应该不会改变, 是固定的。那么气体水分子的比例应占多少呢? 它在大气层中是新增加的气体分子, 就是在99%以外新增加的水汽分子,在原有的基础上,视阳光照射的强烈程度,阳光照射程度强烈,蒸发的海水就多一些,水汽分子就多一些;阳光照射程度弱一些,蒸发的海水就少一些,水汽分子就少一些。在眼区内,加上氮氧分子,从99%开始,到110%,到150%,有可能会达到200%。这个百分比是不能确定的。

在前面已论述了氮气分子和氧气分子的两面性,那么水分子会不会也是这样呢?

二、水分子的两面性

在初中课本里讲过,水以三态形式存在,即气态(水蒸气)、液态(水)、固态(冰)。水以气态形式存在时,分子可以向各个方向自由运动。水以液态形式存在时,分子形成分子链。水以固态形式存在时,分子形成紧密的圆形结构。这是水的自然属性,水的这一属性在温度的左右下,可从气态到液态到固态进行变化。

水分子由一个氧原子和两个氢原子组成,依据磁物质核假说,在原子和分子内部,存在着磁性物质。

1. 水分子的基本磁性

水分子由一个氧原子和两个氢原子组成,共有10个核子,这是一个水分子的基本含磁性,同时带着磁场。

水分子基本磁场的强磁性和弱磁性:当电子处在低轨道上运行时,水分子呈弱电性,这时基本磁场呈强磁性。当电子处在高轨道上运行时,水分子呈强电性,这时基本磁场呈弱磁性。

2. 水分子的基本电性

水分子由一个氧原子和两个氢原子组成,共有10个电子,这是一个水分子的基本含电性,同时带着电场。

3. 水分子基本电场的强电性和弱电性

当电子处在高轨道上运行时,水分子呈弱磁性,这时基本电场呈强电性。当电子处在低轨道上运行时,水分子呈强磁性,这时基本电场呈弱电性。

以上是对水分子的讨论,它与氮氧分子一样,同样具有两面性。在烈日炎炎的赤道地区,阳光直射海面,海水接受光子,使氢氧原子吸收能量,电子脱离原来轨道,跃迁在高轨道上运行,此时已打破水分子之间的键链接,成为单个水分子。在太阳光的持续照射下,单个水分子继续接受能量,体积膨胀成为气体分子,自然上升进入到大气层。下面以氮氧分子和水分子都呈两面性给出台风形成的过程。

三、台风的形成过程

1. 台风眼区的形成

如今在广阔的洋面上,无论是氮气分子、氧气分子还是水汽分子,都呈显电性。在烈日炎炎下,在阳光的直射下,在持续的照射下,这些氮气分子、氧气分子、水汽分子,都沐浴在强烈照射的阳光里。太阳像一团火挂在空间,烘烤着海面,在这样一种大环境下,氮气分子在上升,氧气分子在上升,海水在蒸发,水汽分子在上升,这样三种气体分子混合在一起,集中在一起,形成整体上升气流。在广阔洋面上的某一区域,在一定的范围内,如1~5千米,5~50千米,可能会形成这样的整体上升气流,这样三种气体分子都呈显电性,可看作都带着电场,集中在一起,形成一股整体上升电流,成为整体上升电场。这是台风眼区的形成过程,也是台风的雏形。

2. 台风眼壁区的形成

如果这股整体上升气流(电流)一旦形成,就会成为法拉第演示的那根直导线,会自然地把周围空间天然存在的磁力线吸引过来围绕上升气流运转,随着上升气流的不断上升流动,同时被吸引过来的磁力线也在跟着不断地上升缠绕。这股整体上升气流上升到多高,磁力线也在跟着上升气流缠绕到多高,随着上升气流到达最高度。眼区有多高,同时眼壁区就有多高。在眼壁区内同样有水汽分子,有氮气分子和氧气分子,会被磁力线吸引,跟着磁力线围绕眼区做旋转运动。这是台风眼壁区的形成过程。

这样有了台风眼区,又有了台风眼壁区,台风从而完整形成一个旋转系统。这个旋转系统是有生命力的:台风眼区为整体上升气流区,可看作电流区或电场区;台风眼壁区为三气体分子整体气流旋转区(氮氧分子和水蒸气分子),可看作磁力线缠绕区或磁场区。台风在这样一种自然机制的结构框架下,带着无穷大的旋转力,出现在洋面上。

3. 台风的形成从小到大

台风形成的范围应该从小到大，从小到大的内因应该是磁场的影响，在磁场的影响下会使电场扩大，上升气流已成为电场，缠绕区已成为磁场，在这个关系内是互为影响的，是互动的。首先电场的形成建立了磁场，而磁场的建立又会使电场扩大，在麦克斯韦的电磁理论中，变化的电场会产生变化的磁场，变化的磁场会产生变化的电场。在广阔的洋面上，有大量的上升气流，这是一个自由开放的电场和一个自由开放的磁场，有最大的空间范围可供电场自由地扩大，在这个空间范围内有大量的电离子，同样在这个空间范围内有大量的三气体分子和大量的磁粒子可供磁场自由的扩大。在电场形成范围的基础上，如果初始电场为1千米，相应磁场范围要大于1千米，此时，电场与磁场是变化的。由于台风是整体旋转运动的，会把上升气流卷入进来，首先通过磁场区，再进入电场区。当进入磁场区时，磁力线会把气体分子缠绕，在原来缠绕的基础上会增加缠绕的范围，这时磁场的范围扩大，会使电场发生变化。磁场的范围扩大，电场的范围也相应扩大，这时电场（眼区）的范围要大于1千米，扩大的范围空间不会是真空，在这个扩大的范围内，应由两部分粒子进来补充，一部分由电离子自然进来补充，另一部分由三气体分子在磁力线的吸引下被裹进来补充，这时由磁场区吸引电离子粒子和空气分子补给电场区，磁场区成为补给"站"，由被动转化为主动。在补给的同时，磁场区在不断地扩大，电场区也在相应地扩大，当磁场区转化为主动区后，遵守安培守则，磁场为逆时针旋转，为主动旋转，电场区为上升运动，是被动垂直上升，这是一种磁场与电场的有机结合的自然关系。这时不管在电场区有没有显电性粒子（如三气体分子），却都有电粒子。在空间电离子非常多，在磁场区的作用下，会把空间电离子自然地吸引过来，补充进电场区，形成上升电子流，于是反过来又影响到磁场区，去缠绕更多的磁力线，这些更多的磁力线又会吸引更多的三气体分子和电离的电子去补给电场区。这样循环不断，持续不断，台风范围由原来的1千米，不断扩大到几十千米，上百千米，几百千米，上千千米。这是自台风形成后从小到大的一个自然过程。并不应是一下子形成上百千米，或几百千米，或上千千米的范围，有的台风直径范围可达2000千米左右。

四、对台风表现出各种各样的运动现象给出解释

当台风形成后会表现出各种各样的运动现象出来,它们是:

(1)台风眼区内有下沉气流;

(2)台风眼壁区内有上升气流;

(3)台风眼壁区内大雨如注;

(4)飓风内会非常猛烈;

(5)有断裂的云会向下移动;

(6)有云带被无云带包围,无云带又会被有云带包围;

(7)越往外云墙区越矮。

下面分别给予论述。

1. 台风眼区内有下沉气流

在台风形成后眼区内会有下沉气流出现,对这一现象给出解释:

空气在上升时有绝热冷却现象:"空气上升时绝热冷却,每上升1000英(304.8米),气温下降5.5F(每千米10℃),以干绝热直减率降温。而水汽分子,每上升1000英尺(304.8米),气温下降3F(每千米6℃),以湿绝热直减率降温。"[6]这是空气分子和水汽分子在上升过程中的温度变化,温度总体呈下降趋势。

那么环境温度在下降趋势下,空气分子和水汽分子又有哪些变化呢?

潜热和露点:"水分子依靠正负电子的吸引而链接在一起,要想打破这种链接,必须有足够的能量——潜热。在32F(0℃)时,将1克纯水(1克=0.035盎司)从液体变成气体需要600卡(2501焦耳)的热量。这一数值是蒸发潜热。当水凝结时,以同样数量的潜热被释放出来,成为液体小水珠,这一变化温度称为露点。"[7]

在赤道两侧,水分子被打破链接会吸收潜热,潜热主要来自太阳光子的照射,吸收潜热实际在吸收光子,而释放潜热实际在释放光子。对氮气分子和氧气分子而言,同样具有吸收潜热和释放潜热的功能,吸收光子体积增大上升,释放光子体积缩小下降,潜热的含意同样可以用在它们身上。尽管眼区内以电粒子为主,但有不少氮氧分子和水汽分子在台风旋转的运动过程中还是被卷了进来,如何会进入眼区内

有这样两点理由：

（1）由于台风的旋转作用，在移动中会把气流带入或卷入进眼区内。

（2）由于眼区内呈低压区，为990~870百帕，有这样一个低压区存在，高压气流最易进入低压区域。

由于眼区处在电流区（最暖区），被卷进来的氮氧分子和水汽分子会吸收潜热而上升。对氮氧分子和水汽分子而言，随着上升高度的增加，其温度在逐渐地下降。

（1）单对水汽分子来说，根据上面知识，当上升到露点时（凝结高度），水汽分子有自然释放潜热的功能，释放潜热凝结后，由气体分子转变成水分子（最微小水滴）。如果单个水分子不与别的水分子发生键链接，会瞬间吸收热能，仍处上升期；如果多个水分子发生键链接，则形成大的水滴而下沉。单个水分子的体积是10个质子的体积，是非常微小的，而多个水分子（2~50个）是20~500个质子的体积，仍然是微小的，肉眼不会观察到。在台风眼区内，是一个温暖的区域，把水分子冷凝成观察不到的水滴，如500个质子的体积，应属气流的范畴。而释放出去的光子会聚集形成电子，补充进入上升电子流当中。

（2）单对氮氧分子而言，进入眼区内的去与留，有这样几种可能，一种为重力作用，一种为磁力作用。

①在眼区内是最低低压区，进入眼区内的高压气流分子会直接下沉，就像水流跌入谷底一样，这应属重力作用。

②有可能会受热膨胀上升，加入进上升气流当中。氮氧分子在上升的过程中，会被小水滴冷却，释放潜热后，体积收缩而下沉，这应属重力作用。

③在眼区内，从下至上为电场区，电子流是上升的，从下至上没有磁场，进入眼区内的高压气流里的氮氧分子，应该是显磁性的气体分子，可能又会被云墙磁场区吸引，进入云墙区，这应属磁力作用。

这是在台风眼区内对下沉气流的一种解释或推测。

2. 台风眼壁区内的上升气流

在眼壁区内，根据书中知识，高度越高，温度越低。在顶层，温度在−60℃左右，当氮氧分子进入这一地区，会被冷却，释放潜热。体积收缩后，不再下沉，而是上升,为什么? 这时氮氧分子的显磁性表现了出来,氮氧分子身上具有了磁性。云墙区由积雨云和浓积云组成,一直到顶层,由于上升气流不断上升进入到顶层,顶层云区不断地扩大,顶层云区应大于云墙区。顶层云区和云墙区内的氮氧分子都带着磁性,顶层云区应成为磁性场区,温度应低于云墙区,更具显磁性。云墙区也应成为磁性场区,顶层云磁性场区应大于云墙磁性场区。当氮氧分子被吸引进入云墙区后,使氮氧分子降温,突呈显磁性,跟着磁力线围绕眼区运转。由于顶层的引力大于低层,围绕眼区运转的氮氧分子被顶层吸引,一边围绕眼区运转,一边上升,上升的线路呈螺旋状,直到到达顶层,这就是为什么上升的理由。在这里引出三点:

(1)这是磁性引力上升,不知要大于自然升力多少倍,这是在云墙区内氮氧分子快速上升的主要动力。

(2)有了这种动力,也是快速上升的主要原因。

(3)氮氧分子可能大部会转为上升分子,成为上升气流的源泉,同时分子具有显磁性,又会成为旋转磁场和云顶磁场的补充来源。

这是在台风眼壁区内对上升气流的一种解释或推测。

3. 台风眼壁区内的大雨如注

在赤道两侧,在高温下,有大量被蒸发的海水分子充斥洋面,在这个环境下,台风会把这些气体分子卷入云墙内,遇冷会释放潜热,体积收缩,由气体水分子凝结变为液体水分子,成为最微小单个水分子。这些单个液体水分子处在云墙区内的低温下,已呈显磁性,成为互相吸引的关系,会从单个水分子起一个一个互吸链接,成为小水滴,之后众多的小水滴互相吸引链接成为大水滴,再通过互吸的作用力大水滴链接成为雨滴,而雨滴再通过互吸的作用力链接成为大雨滴,这时成为大雨滴后,在重力的作用下快速下沉,落入海洋。在云墙区,水汽分子在这一过程中全部可能会链接成大雨滴,成为大雨如注的来源。

这是对台风眼壁区内大雨如注的一种解释或推测。

为了更好地了解台风(飓风),在英国学者迈克尔·阿拉贝著的《飓风》一书中有这样的描述:"塔形积雨云环绕飓风眼形成圆周路线,并从海平面一直延伸到对流层顶,这是飓风的暗眼壁,经常有断裂的云向下移动,这是飓风最猛烈的地方。正如下面飓风断面图所示,在眼壁的上方,大气分散带走的空气中的水蒸气冷凝,形成冰晶体的卷云和层积云。在飓风的卫星图像上,可以看见这些清晰的高空薄云,它正从云团边缘向外旋转。"[8] (如图4-3[9]所示)

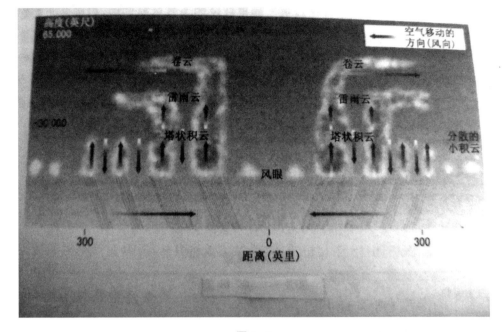

图 4-3

"总计有200多个塔状积云,它们是雷雨云,会产生风暴,造成暴雨和冰雹,并有雷鸣和闪电。一些风暴极其狂暴,会引发龙卷风。云以带状形式存在。眼壁云被无云带包围,无云带又被另一圆形云带包围。再往外又被一个无云带包围,接着又被另一云带包围。云离中心越远,云就越来越少,越来越分散,空气就越来越晴朗。任何时候,云带遮蔽的地区有15%的可能性会下雨或下冰雹。无云带的天气干燥,没有蔚蓝的天空。风暴顶端大气在分散,这样云满天密布。在直径为400英里(644多千米)的飓风范围内,塔状云遮盖不到1%的天空,然而正是这些塔状云构成了风暴的中心。它们像发动机一样释放潜热,产生温暖中心。没有这一中心,飓风就不能形成。在云带中间的无云带,被卷走的空气正下降,绝热升温,进入地表的低压系统。"[10]对上述描述,以飓风的名称给出解释。

4. 飓风为什么会这样猛烈

这里的暗眼壁区实际是磁场区(云墙区),在云墙区内,是被卷入的氮氧分子气体和水汽分子。氮氧分子气体和水汽分子气体冷凝后会显磁性,每个氮氧分子身上和水汽分子身上都带有一个微小磁场,每一个微小磁场都处在运动中,使得微小磁场的极性不会相同。极性不同会吸引结合,极性相同会排斥远离,在远离的过程中会发生碰撞,在碰撞的过程中会发生极性改变,在改变的过程中会发生异性互吸,最终通过极性调整达到聚积。在这一过程中,氮气分子与氮气分子之间碰撞互吸,氧气分子与氧气分子之间碰撞互吸,在磁场的作用下,也应发生氮气分子与氧气分子之间碰撞互吸,氮氧分子气体和水汽分子气体之间碰撞互吸,这样三气体分子最终达到聚积。这种聚集不会改变氮氧气分子和水汽分子之间的元素结构,聚积会使得三气体分子密度更大更稠密。在这一过程中:氮氧气分子与水汽分子应在排斥碰撞中调整极性后自然会再吸引,吸引后磁场增大。磁场增大后还会排斥碰撞,极性还会调整,调整后又会相吸聚积,聚积后又会排斥碰撞,这样如此反复。在氮气分子与氮气分子之间,氧气分子与氧气分子之间,氮气分子与氧气分子之间,水汽分子与水汽分子之间,氮氧分子与水汽分子之间,都会发生这一现象,都会从微小磁场排斥碰撞聚积到大磁场,这种大磁场的互相排斥碰撞是猛烈的。在这一过程中,由于氮氧分子微小磁场的吸引聚积是在排斥碰撞中从小到大,同时水分子微小磁场的吸引聚积也是在排斥碰撞中从小到大,氮氧分子聚积组成的是大小磁场,而大小水分子聚积组成的不仅是大小磁场,而且是大小云团。氮氧分子的大小磁场在排斥中碰撞,你不会观察到,它就在云团内,这种排斥碰撞完全由云团表现了出来,这种表现可能会使云团翻滚。而大小云团在排斥中碰撞,它应是频繁的翻滚,你会观察到这种大小云团频繁的翻滚,加上氮氧分子大小磁场频繁的碰撞,使得大小云团的翻滚更猛烈,这应是云团活动最猛烈的地方,同时也应是飓风整体表现最猛烈的地方,这是对飓风最猛烈现象的一种解释。

5. 为什么有断裂的云会向下移动

在云墙区内,有了水汽分子的吸引聚积,又有了氮氧分子大小磁场的吸引聚积,使得云团有了大小,同时磁场也有了大小。云团的密度大小决定着磁场的大小,云团密度大的磁场强,云团密度小的磁场弱。如果暗眼壁区下云团的密度大于暗眼壁区上云团的密度,应会把上磁场区云团拉回到下磁场区,在整体云墙区内,这时大块云团断裂向下移动,这是对云下移的解释。

6. 为什么有云带被无云带包围，无云带又会被有云带包围

云以带状形式存在。眼壁云被无云带包围，无云带又被另一圆形云带包围。再往外又被另一个无云带包围，紧接着又被另一个有云带包围。这个描述中，眼壁云应为云带区（磁场区），无云带应是一个外眼区，可看作是（电场区），那么内眼区就是飓风中心眼区。中心眼区是热区，是三气体分子上升区，呈显电性，这些一个个上升的氮氧气体分子和水分子，可认为是一个个上升的电子，中心眼区应为电场区。

现在从内到外应为：飓风中心眼区（第一眼区）为第一电场区，也是无云带区。云墙区为飓风第一磁场区，为有云带区。这是飓风形成后的两个基本场区——电场区和磁场区。依据麦克斯韦的电磁理论："变化的磁场在周围空间产生电场，变化的电场在周围空间产生磁场。"[11]作一个推论：

从飓风中心眼区范围（比如中心眼区的直径范围为1千米），开始，为第一电场区，这时在外围自然会有磁力线缠绕，磁力线会把三气体分子吸引带动，形成云墙区（有云带区），成为第一磁场区。第二电场区形成是这样的：电场与磁场是变化的，由于台风是整体旋转运动的，会把上升气流卷入进来，当进入第一磁场区时，磁力线会把气体分子缠绕，在原来缠绕的基础上会增加缠绕的范围，这时磁场的范围扩大，会使磁场周围发生变化。依据麦克斯韦的电磁理论，这一变化会使第——磁场区外围发生电场，这时在第一磁场区外围，第二电场区范围形成，无云带区形成。

在无云带区，这个第二眼区的空间内，同样由两部分粒子进来补充，一部分是自由电子自然进来补充，另一部分是三气体分子粒子在磁力线的吸引下被裹进来补充，这时由第一磁场区吸引电粒子和空气粒子进来建立了电场区，电场区在相应扩大。由磁场区建立了电场区后，仍遵守安培守则，磁场区为逆时针旋转，电场区为上升运动。这是一种磁场与电场有机结合后的自然建立关系。不管在电场区有没有显电性粒子（三气体粒子），但都有电粒子。在空间电粒子非常多，在磁场区的作用下，会把空间电粒子自然地吸引进来，形成电场区。形成电场区后，电粒子是上升的，形成电子流，成为"第二根直导线"，成为无云带区，这是由第一磁场区产生出来的第二个电场区。在这里第一眼区与第二眼区比较，第一眼区的形成应具有三气体粒子，同时呈显电性，而第二眼区不仅有三气体粒子，还有空间天然的电粒子。

有了第二个电场区（第二眼区），就会建立起麦克斯韦的第二个磁场区，这第

二个磁场区的建立过程，还是直导线的演示过程，这是法拉第演示的第二根直导线（第一眼区为第一根直导线），第二根直导线会自然地把周围的磁力线吸引过来围绕第二个电场区运转，第二眼区内有什么？仍然有电粒子，有氮气粒子、氧气粒子和水分子粒子。由电粒子和3种显电性粒子组成了上升气流，会自然地把周围的磁力线吸引过来围绕上升气流运转，周围的磁力线身上吸引着氮气分子和氧气分子还有水汽分子。随着上升气流的不断上升流动，同时被吸引过来的磁力线还有身上带着的三气体分子，三气体分子也在跟着不断地上升缠绕。这股上升气流上升到多高，磁力线和三气体分子也在跟着上升气流缠绕到多高，形成第二磁场区，也是第二云带区。在云带区内就由这些水汽分子、氮气分子、氧气分子和磁力线组成第二个磁场带区，这是第二个磁场区的形成过程。

从第一电场区（第一眼区）形成到第一磁场区（第一云墙区）建立，再从第一磁场区（第一云墙区）开始，到第二电场区（第二眼区）形成，再从第二磁场区（第二云墙区）开始，到第三电场区（第三眼区）形成，再到第三磁场区（第三云墙区）建立，这样电场形成不断，磁场建立不断，这样循环持续不断。从有云带到无云带，再从无云带到有云带，在描述中这台飓风有200多条云带，这是从有云带被无云带包围，又从无云带被有云带包围的一种解释。

如果没有这样的形成机制，假如这台飓风全部由云带组成，会不会形成1000千米大的范围？假如形成，又如何会旋转起来？

7. 越往外云墙区越矮

描述中有200多条云带，在每条云带之间都有无云带出现。假设每条云带宽度与无云带宽度同样，这台飓风直径范围在1000千米左右，这样计算下来，每条云带和无云带宽度在5千米左右。从由图4-2可看到，从第一眼区到第一云墙区，再从第一云墙区到第二眼区，再从第二眼区到第二云墙区，再从第二云墙区到第三眼区，再从第三眼区到第三云墙区，从里到外，第一眼区和第一云墙区要高于第二眼区和第二云墙区，第二眼区和第二云墙区要高于第三眼区到第三云墙区，以此类推，越往外云墙区越矮。这是为什么？对这一现象作一解释：

云以带状形式存在。眼壁云被无云带包围，无云带又被另一圆形云带包围，再往外又被一个无云带包围，紧接着又被另一云带包围。飓风中心眼区为第一眼区，它被云墙区（圆形云带）包围，眼区与磁场区高度相等，为第一组。第二眼区和第二云墙区高度相等，为第二组，眼区直径范围和云墙区直径范围都大于第一组，但高度范围略低于第一组。第三眼区和第三云墙区高度相等，为第三组，眼区直径范围和云墙区直径范围都大于第二组，但高度范围略低于第二组。以此类推。

第一组云墙区（第一磁场区）高度最高，依它磁场的能量大小可形成一个同样的高度范围和直径范围的第二电场区（第二眼区），可这个电场区形成在第一磁场区的外围，直径范围扩大了。当第二电场区（第二眼区）形成后，相应的高度降低了，第二眼区低于第一眼区。有了第二眼区的形成，会自然建立同一高度的云墙区（第二磁场区），当第二磁场区建立后，会与第二眼区高度平齐。当第二磁场区建立后，直径范围已经扩大，它大于第一磁场区，当把第一磁场区同样多的磁力线分配给第二磁场区时，磁力线应会稀疏，不会那么稠密，磁场强度应会减弱，与第一磁场区相比，第二磁场区磁场强度会小于第一磁场区。有了第二磁场区的建立，依它磁场的能量大小可形成一个同样的高度范围和直径范围的第三电场区（第三眼区），可这个第三电场区形成在第二磁场区的外围，直径范围扩大了。当第三电场区（第三眼区）形成后，相应的高度降低了，第三眼区低于第二眼区。有了第三眼区的形成，会自然建立同一高度的第三云墙区（第三磁场区）。当第三磁场区建立后，与第三眼区高度平齐。以此类推。在这样一种机制下，由于直径范围的扩大，高度范围相应会降低，由里向外从最高处一个台阶一个台阶降下来，这是对这台飓风越往外云墙区越矮现象的一种解释。

五、台风磁场区（云墙区）之间的强度关系

当第二磁场区建立后，磁场区（云墙区）直径范围已经扩大，它大于第一磁场区。在第二云墙区，会吸收得到与第一磁场区同样多的磁力线分配给第二磁场区时，磁力线已经稀疏，不会那么稠密，磁场强度自然会减弱。与第一磁场区相比，第二磁场区磁场强度会小于第一磁场区。

当第三磁场区建立后，云墙区直径范围已经扩大，它大于第二磁场区。在第三云墙区，会吸收得到与第二磁场区同样多的磁力线分配给第三磁场区时，磁力线已

经稀疏, 不会那么稠密, 磁场强度自然会减弱。与第二磁场区相比, 第三磁场区磁场强度会小于第二磁场区。依此类推, 到最外围磁场。如果是这样, 那么第一磁场区磁场强度最强, 最外围磁场区磁场强度最弱, 这是台风磁场区 (云墙区) 之间的强度关系。

六、台风形成与纬度的关系

据书中描述: "台风形成于离赤道5～8个纬度以外的地区。据统计, 台风绝大多数发生在离赤道5~20个纬度之间, 尤以10~15个纬度之间为多。像印度尼西亚、马来西亚等靠近赤道地区的一些国家, 就很少有台风出现。" [12]对这一现象, 有这样3点, 作一论述:

从地球磁场的分布来看, 由赤道地区开始, 走向两极, 越靠近两极, 磁场强度越强, 到达极点, 磁场最强。从0纬度线开始, 纬度越高, 磁性越强。从地球温度的分布来看, 在赤道地区为热带, 远离赤道地区为温带, 在两极圈内为寒带。地球温度的分布正好对应地球磁场的分布, 温度高磁场弱, 温度低磁场强。这种对应关系, 也符合居里温度理论, 那么台风的形成纬度范围应在5°～20°。

(1) 越靠近赤道 (如纬度为5°以内), 温度会越高, 磁场会越弱。在弱的磁场地区, 不会有更多的磁力线存在, 虽然有更多更强的显电性的上升气流, 但没有足够的磁力线供应, 最终不能形成磁场区。

(2) 当远离赤道, 纬度范围为10°~15°, 既有更多更强的上升气流, 又有足够的磁力线供应, 自然会形成磁场区。

(3) 如果离赤道更远, 在纬度为20°之外, 可能不会有更多更强的上升气流 (显电性的三气体分子), 构不成上升的 "电子流", 虽然有足够的磁力线供应, 最终还是不能形成磁场区。

从上面3点来看, 在广阔的洋面上, 温度的高低与磁场的强弱是造就台风的必要条件。

七、台风形成后，刮向哪里

当台风形成后，中心眼区已完全变成了电场区，以上升运动为主。而台风眼壁区完全变成了磁场区，以旋转运动为主。台风形成后成为一种旋转磁场，以第一眼区和第一磁场区为中心呈逆时针旋转起来，然后逐渐带着第二眼区和第二磁场区跟着第一磁场区旋转起来，再带着第三眼区和第三磁场区跟着第二磁场区旋转起来。以此类推，直到整体旋转起来，成为一个整体旋转磁场。

这个整体旋转磁场，就像一颗"卷心的大白菜"，从里到外一层又一层把中心眼区包裹起来。"大白菜"带着满身的"菜气味"，而这个整体旋转磁场，它带着满身的磁气，去寻找同类伙伴。这个同类伙伴，它不在赤道，也不在海洋，而在岛屿和陆地，这就是大地磁场。大地磁场很不均匀，越向赤道越弱，台风不会刮向那里，更不会越过赤道。也不会停留在洋面上，海水内有钠盐，不呈显磁性，只呈显电性。它会被磁场更强的岛屿或陆地吸引并引导，刮向那里。它像一台有嗅觉的机器，应是一台"嗅磁机"，哪里磁场更强，就刮向哪里。

在北太平洋西部，北纬5°~20°的广阔的洋面上，如果有台风形成，它不会刮向太平洋中部。假如菲律宾东部洋面上有台风形成，它首先会刮向菲律宾群岛，有可能会越过菲律宾群岛，刮向别的地方，比如刮向台湾岛，然后再登上中国大陆。它总向岛屿和陆地进发，不会刮向海洋深处。

八、台风的衰减与消失

当台风登上陆地时，会被地面磁场吸引，磁的特性是互吸的，大的磁场会把小的和弱的磁场（磁力线）吸引过来，固定磁场（地面）会把移动磁场吸引过来。在台风最外围的磁场区（云墙区），由于由第一磁场区发展而来，应以同样多的磁力线分布在最外围的云墙区上，范围面积扩大，使得磁力线稀疏，根据云墙区之间的磁场强度磁力线稠密关系，最外围的磁场区为最弱。如果陆地磁场强度小于台风最外围，这时仍会被台风第一磁场区吸引拉住最外围的磁场区而围绕第一磁场区运转，

不会被陆地弱磁场区吸引拉住,台风会受到轻微影响,会继续前行。如果陆地磁场强度大于台风磁场强度时,会有这样4种可能:

1. 如果陆地磁场强度大于台风最外围的磁场强度

在这里把第一云墙区设定为台风第一主磁场,把最外围的云墙区设定为倒数第一层,陆地磁场强度大于这一层时,陆地磁场应会把末尾第一层的磁力线吸引留下来,这时最外围的云墙区被剥离和消失,台风最外围的眼区消失,台风倒数第二层(云墙区)变成最外围,台风整体磁力线减少,相应总的云墙区和眼区在减少(直径范围在减小),台风的整体磁场强度逐渐在减弱。

2. 如果陆地磁场强度大于台风倒数第一层和第二层的磁场强度

陆地磁场应会把台风倒数第一层和第二层磁场区的磁力线吸引留下来,这时最外围的第一和第二云墙区消失,台风倒数第三层(云墙区)变成最外围,台风整体磁力线减少,相应总的云墙区和眼区在减少(直径的范围在减小),台风的整体磁场强度逐渐减弱。

3. 如果陆地磁场强度等于台风主磁场强度

如果陆地磁场强度等于台风主磁场强度,除台风主磁场外(第一云墙区),陆地区域强磁场会把台风主磁场之外的磁力线留下来,这时台风主磁场之外的云墙区失去了磁力线,云墙区消失,同时眼区也消失,此时台风只剩第一云墙区,强度减到最弱。陆地磁场区不能把它留住,台风整体带着旋转运动,电场力作用于磁场力,磁场力又作用于电场力,在这样一种机制下,它不会停下来,它会远离,去寻找新的目标。

4. 如果陆地磁场强度大于台风整体磁场强度(包括主磁场)

如果陆地磁场强度大于台风整体磁场强度(包括主磁场),当台风经过时,陆地强磁场会把台风整体磁场的全部磁力线留下来,会使全部的云墙区和眼区解体,此时台风消失。在这里陆地强磁场区的范围要有足够长的距离,比如百千米左右,因为台风的时速在百千米以上,台风在经过陆地短距离的强磁场区时会一闪而过,可使强度减弱,但不能消失。

台风在上面四个过程中,行进的距离各有不同,比如:

(1)当大地磁场足够强时,台风在登上大陆后,主磁场会被吸引,磁力线被拉住，被吸收。这时，主磁场失去了磁力线，没有了云墙区，主磁场消失。在消失剥离云墙区的过程中，台风还应会行进一段距离，应在沿海一带行进，但不会深入内陆。

（2）当大地磁场不够强时，不会吸引拉住主磁场区，会"放行"台风，台风可继续前行。在前行的道路上还会有地面强磁场出现，当强磁场出现后，会重复消失剥离的过程，在剥离的过程中，在完全消失的过程中，台风还会行进更长的一段距离，应跨过沿海一带，深入内陆。

（3）当台风云墙区被地面磁场吸引消失剥离到主磁场区时，如果大地磁场不能吸引拉住主磁场区，台风继续前行。在前行运动中，会被空间磁场力吸引。此时，如果空间磁场力大于台风主磁场力，会把主磁场吸引过来，在主磁场区内有稠密的磁力线，会把主磁场区内稠密的磁力线拉过来，吸引进入到空间磁场区，加入进空间磁力线的平行流动之中。此时，台风主磁场区磁力线并未消失，而是进入到空间磁场区转为平流风，这时，空间磁场区内原有的磁力线加上吸引进来的台风磁力线，使平行流动的磁力线更稠密，磁场强度更强，使得平流风风力更大，风速更快，转而形成大风暴。

以上是台风从衰减到消亡的一个过程，在这个过程中可以看出：

（1）在第一种的消失过程中，它被地面强磁场吸引拦截，不再前行到内陆，而消失在沿海一带地区，受灾面积应在沿海一带地区。

（2）在第二种的消失过程中，大地磁场不够强，会"放行"台风，台风可继续前行到内陆。在内陆被地面强磁场吸引拦截，台风消失，受灾面积应在沿海一带地区和内陆地区。

（3）在第三种的消失过程中，台风不再做旋转运动，已经不是台风，但具有能量，旋转运动转而形成平行运动，进入平流风的流动之中，成为大风，受灾面积应在沿海一带地区和更远内陆地区。

在这三种现象中作比较：

第一种台风只在沿海一带地区登陆消失，受灾面积只局限在沿海一带地区，这一自然灾害出现，人民群众会受到不同程度的财产损失。

第二种现象里，台风在沿海一带地区登陆后不会消失，会继续深入内陆，从沿海地区到内陆，又增加一段距离后台风消失。在第一种受灾面积的范围上，又增加一段受灾面积,受灾面积要大于第一种。这一自然灾害出现,广大人民群众会受到不同程度的财产损失。

第三种现象里,台风在沿海一带地区登陆后不会消失,还会继续深入进内陆,在内陆某一段距离内,台风可能转而形成大风,形成大风后,行进距离可能会长,可能会短。大风同样会在这一段距离内给人民群众带来不同程度的财产损失。在第三种现象里,台风从沿海到内陆,从内陆到更远,灾害范围大,面积广,受灾程度大于前两种。这一自然灾害,给更多的群众带来不可估量的财产损失。

当台风形成后有时不会直接到达陆地,而是经过岛屿;当台风到达岛屿后,会重复上述4种现象,所不同点是:

(1)岛屿区域磁场强度大于台风倒数第一层时,岛屿强磁场会把台风倒数第一层的磁力线吸引留下来,这时最外围的云墙区消失,台风倒数第二层(云墙区)变成最外围。如果岛屿区域磁场强度大于台风倒数第二层的磁场强度时,岛屿磁场区域应会把台风倒数第二层云墙区的磁力线吸引留下来,这时最外围的第二云墙区消失,台风倒数第三层(云墙区)变成最外围。在这一过程中,从倒数第一层到倒数第三层,台风在行进的道路上可能跨越的区域范围会更大。岛上强磁场可能不会使台风第二云墙区消失,台风因此就跨越岛屿区域。

(2)在岛屿地面上,第一个磁场区域到第二个磁场区域可能存在,或者也可能存在一个大的强磁场区域范围。

(3)如果台风从倒数第一层云墙区消失,再到倒数第二层云墙区消失,一直到台风主磁场云墙区消失,岛上区域范围可能不会有这么多的大小强磁场,也不会有这么多的区域范围。

从上面三点看出,当台风经过岛屿时,岛上的磁场区域不能把大部分台风拦截,或者使台风消失,例如台湾岛屿,面积也是足够大的,大多数台风只是经过,或者是减弱,而不是消失,这是台风登上岛屿与台风登上陆地的不同点。

九、阻止台风

台风在每年夏秋两季总是出现在洋面上,它形成后的目的地总是在岛屿和陆地,冲毁海堤,毁坏城镇和村庄,使沿海地区人民深受其害。在这样一种特大自然灾害现象面前,人类一直无奈地在接受它,现在人类虽然已经有了准确的预报,大大地减少了台风对沿海人民群众所造成的损失,但它所经过的地方,损失还是巨大的。如何把受灾面积减到最小,把灾害降到最低,是人类的愿望。

1. 阻止台风在萌芽状态

台风的形成应该是从小到大的一个发展过程,这一理论如果成立,就可根据这一理论去制止台风的形成。如果台风的形成从1千米范围内开始形成,首先应有1千米范围内的上升气流,这1千米范围内的上升气流是强烈的,就会转为上升的电子流,这股电子流就是电场区,也就是眼区。依据麦克斯韦的理论(变化的电场会产生变化的磁场),在这股电子流的外围一定会产生麦克斯韦所说的磁场。当有了这个磁场,就有了云墙,这个云墙把眼区包围,形成旋转状态而整体移动,这时在卫星的监视下,应该会被发现。在书中描述台风眼的直径为5~50千米,台风眼壁的厚度为8~20千米。现假设台风眼的直径为5千米,眼壁区为8千米,在卫星的监视下,台风眼初始形成可能不会看到,因为全部由上升气流组成。当云墙壁形成后应该会看到,这时就去阻止它,去破坏它。首先去破坏它的台风眼区,在台风眼区内有一定的高温,上升气流就从高温中上升。如何给眼区内降温?如何用高科技手段给眼区内制造低温?当电场区正在扩大建立磁场区时是最佳时机。如果眼区内有了低温,就会阻止上升气流不再上升,磁场区也会停止建立,台风不在形成,这是思路一。

当在萌芽状态不能阻止台风形成,第一主磁场区已经建立完成,由被动转为主动时,再给眼区去降温,再去破坏眼区应该是非常困难的事,已于事无补。

那么主磁场区是否可以去破坏?人类可以去尝试,比如用高温的手段去破坏,在高温下,磁场强度会减弱,磁力线会减少。用高科技手段给云墙区内制造高温,可能会有效果,当减弱到主磁场区由主动转为被动时,这种破坏还要坚持下去,一直到云墙区消失,此时台风自然消失,这是思路二。

利用低温去破坏眼区,利用高温去破坏云墙区,应是阻止台风初时形成的一个探索的方向,可能成功与失败并存。

2. 拦截台风在近海

如果台风在萌芽状态下不能被破坏,只能在近海拦截它。拦截的办法是构建磁场, 磁场应建在台风经常出没的地方, 在台风经常出没的地方最好有岛礁, 在岛礁上构建拦截磁场。构建拦截磁场的主要目的是去吸收台风磁场内的磁力线, 使台风磁场内的磁力线减少, 磁力线减少会使台风磁场减弱。如何拦截? 首先建立大的电磁场。给一根直导线通电后, 在直导线周围会有磁力线缠绕。导线电流与磁场的关系是: "导线电流越强, 自身产生的电场也会越强, 吸引周边的磁力线就越多, 吸引磁力线越多, 磁场就越大, 同时磁场也就越强。"因此可一条线路一条线路地去架设, 每一条线路由1千米长度到几十千米长度, 或到100千米长度。每条线路之间的宽度或为100米, 或为200米, 再组合形成一定的总宽度, 比如从1千米总宽度到20千米总宽度。以多层结构架设, 比如建造一定高度的线路塔架, 每根线相互之间为2米, 且为一层, 可1~3层, 或多层, 层数越多, 拦截效果会越好。塔架的总高度可为20~30米, 或更高, 越高拦截效果会越好。这样一个磁场建成后, 当台风来临时, 送入强电流, 众多的拦截线路会产生大量的磁场, 会把台风磁场吸引过去, 把磁力线吸收去, 这样虽然不能使台风停下来, 但也会使台风磁场减弱。这样一个磁场建成后, 要接受两点检验:

(1) 当台风经过时, 首先要承受结构强度的检验, 如支撑直导线的塔架的高度和强度, 还有直导线的直径强度等, 能不能承受台风强度的最大考验, 当台风经过后, 塔架与直导线是否完好无损。

(2) 当台风经过后台风强度是否已经减弱, 或者是消失, 这是重要检验指标。

如果这种结构模式不能承受强台风的最大考验, 还可变环状结构模式。这种环状结构模式, 还是以塔架和直导线的结构为主, 由长方形建立成圆形, 把它们整体连接起来, 以增加抗风强度。比如把这条线路圈改成圆形, 这个圆形直径为50~100米, 然后多个这样的圆形结构组合成一定的宽度和长度。高度从海平面起到50米, 或更高。这种环状整体结构与整体结构之间的距离, 以本身结构所能产生出多大磁场范围去决定, 产生出的磁场范围大, 相隔距离也大; 产生出的磁场范围小, 相隔距离也小。总长度由台风以往的路径而定, 总宽度由台风以往的大小而定。

大的电磁场的电源由岛上或陆地供给, 可通过海底电缆送电。拦截磁场平时处在关机状态, 当台风来临时进入战备状态, 当台风经过时进入启动状态。在海上建立这样一个或多个大型拦截磁场,是一种设想。依据安培电流的磁效应,人类可以去尝试,可能成功,也可能失败。对沿海地区和内陆地区人民而言,建立拦截磁场,是一种美好的尝试或愿望。

3. 拦截台风在地面(包括岛上地面)

当海上磁场不能把台风全部拦截,就要通过地面磁场拦截。如何建造地面磁场? 还是上面的模式。在陆地建造这样的磁场要比海上容易得多,长度从1千米到几十千米到几百千米,宽度从1千米到20千米,再到上百千米,再到几百千米,总高度可到30米,再到50米,或更高。建造的长度、宽度和高度都应大于海面,因为这是最后一道防线,通过最后一道防线,应把登陆的台风的磁场减到最弱,使台风在陆地行进很短的距离就会消失,把受灾面积减到最小,把灾害降到最低。这应是建造地面拦截磁场的初衷。

4. 对现有船体的改造

当台风来临时,为把灾害降到最低,可以考虑对现有船体进行改造。它应包括两部分:一部分为船体结构材料改造,另一部分为船体结构形状改造。

(1)船体结构材料改造:

现有船体都是由金属材料制造,包括各种大中小型的舰艇、各种大中小型的商船、各种大中小型的渔船、各种大中小型的客船,尤其是各种小型的船只,是台风的主要损毁的对象。为把损失降到最低,应把金属船体(水上部分)表面包裹(屏蔽),以减小台风磁场对船体的吸引力,或者是互吸力。

(2)船体结构形状的改造:

现有船体整体结构形状多为长方形,尤其客轮,有棱有角,对风的流动会产生阻力。船体整体结构形状应设计为椭圆形,当台风从船体经过时,椭圆形结构形状可分解和分流台风的动力。

参考文献

[1]《地球漫步》编写组编. 地球漫步. 西安: 未来出版社, 2008.

[2] 金传达. 天空趣象. 北京: 气象出版社, 2006: 155~158.

[3] 同[2].

[4] 同[2].

[5] 同[2].

[6] 迈克尔, 阿拉贝. 飓风. 刘淑华译. 上海: 上海科学技术文献出版社, 2011, 55, 54, 图81, 81.

[7] 同[6].

[8] 同[6].

[9] 同[6].

[10] 同[6].

[11] 初级中学课本: 物理(下册). 北京: 高等教育出版社, 1990: 130~131.

[12] 金传达. 天空趣象. 北京: 气象出版社, 2006: 160.

第五章 龙卷风

龙卷风在气旋风中仅次于台风，同样为风中之最，龙卷风的形成过程有别于台风，形成的过程更特别，自成一体，在风的系列中极具破坏力，因此把它作为一章专门来论述。

龙卷风每年会给人民生命财产带来巨大损失，在它所发生的地方，其破坏程度难以想象，它毁坏城镇，摧毁村庄，这是它的力量，成为风中又一个巨无霸。在《天空趣象》一书中有这样的描述："龙卷风的上端与积雨云相接，下端有的悬在半空，有的直接延伸到地面和水面，远远望去，那漏斗状云柱不仅很像吊在空中的一条巨蟒，而且很像一个摆动不停的大象鼻子，它一边旋转，一边向前移动。"[1]（如图5-1）

图 5-1

"龙卷风的漏斗状云柱中心为直径约20米的空心眼区, 眼外为涡旋云壁, 并有更小的涡旋在其间游动, 发出刺耳的呼啸声, 四周的空气都向涡旋中心流去, 中心是下沉气流, 四壁为极强的上升气流, 空气上升速度达10~50米/秒。" [2] (如图5-2)

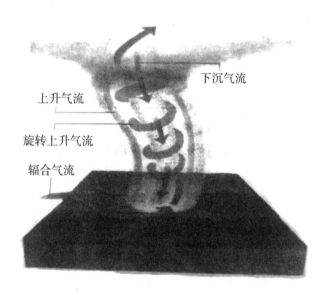

图 5-2

"云柱经过的地方, 最大风速可达200~300米/秒。中心气压400百帕左右, 最低甚至低到200百帕。云柱内外的水平气压梯度比一般天气系统大10万倍。" [3]

在以上的描述中, 云柱内有直径约20米的空心眼区, 在眼区内有下沉气流, 在眼区外为云壁区, 在云壁区里有上升气流。气流一下一上, 整体形成漏斗状, 它像大象鼻子从云中倒挂下来。对上述现象, 结合龙卷风的形成过程逐一解释。

一、龙卷风的形成过程

1. 积雨云团与地面互动吸引

"在积雨云里空气扰动十分剧烈, 上下温差悬殊, 在地面气温是二十几摄氏度, 越往高空温度越低, 在积雨云顶部的8000多米的高空, 竟低到零下三十几摄氏度。" [4] 在云团内有什么? 同样有氮气分子、氧气分子和水汽分子。氮气分子与氧气分子和水汽分子在低温下呈显磁性, 在积雨云顶部的8000多米的高空, 低到零下三十几摄氏度，这是一个低温的云团。在低温的云团里，氮气分子、氧气分子和水汽分子会呈显磁性，那么这个云团属显磁性云团，整体云团呈显磁性。云团由云块组成，应该有不均匀的磁场云块，这些磁场云块有强有弱。如果有了这样一个显磁性的云团漂荡在天空，它随时会去吸引大地磁场，或者被大地磁场随时吸引，云团与大地是互动吸引的。如果大地磁场的引力足够大，当整体云团漂荡在大地磁场的上空时，会吸引这片云团，使整体云团处在向下移动中，在与大地磁场互相吸引拉动中，整体云团中的强磁场云块首先被大地磁场拉了下来，当云团在拉下来时，会有这样2种情况：

（1）如果大地磁场引力足够大，会把强磁场云块一直拉到地面。

（2）如果大地磁场引力与云块相当，会把这部分云块拉到空间。

另外当大地磁场引力小于云块强磁场，与整体云团磁场相当，云块强磁场会吸引整体自身云团，不会被大地磁场拉出来。

大地磁场也类似于云团中的云块，比如由于地质岩石内所含元素成分的不同，造成大地磁场的磁性强度很不均匀，有强有弱，强的磁场地质岩石内所含铁元素的成分可能会多一些，弱的磁场地质岩石内所含铁元素的成分可能会少一些；可能还有温度的原因，处在低温区，磁场的磁性要大一些，处在高温区，磁场的磁性要小一些；可能还有更多复杂的原因。既然大地磁场有强有弱，它应在区域范围之内，这个区域范围可大可小，或者是局部磁场强或者是局部磁场弱，或者是大部磁场强或者是大部磁场弱。

由于大地磁场分布得不均匀性，除上面的互动关系外，还有这样3种情况：

（1）当云团漂过地面磁场，云团面积大于地面磁场面积，而云团磁场强度小于地面磁场时，地面磁场会把云团磁场吸引。吸引云团磁场范围与地面本身磁场范围相对应，地面磁场的面积有多大，吸引云团磁场的面积应有多大，应是一个对应的关系。

（2）当云团漂过弱的地面磁场，云团磁场大于地面磁场时，云团面积不会受到地面磁场的吸引，云团会自由地随风同行。

（3）当云团漂过地面磁场，地面磁场强度大于云团磁场强度，地面磁场面积又大于云团磁场面积时，地面磁场会把整体云团完全吸引下来，吸引云团到最低，但不会掉下来。

2. 龙卷风中的云柱如何建立起来

在龙卷风的整体结构里，云柱是龙卷风整体结构里的主体结构，有了主体结构，龙卷风才能形成。

当整体云团漂过强的地面磁场，假设此时整体云团面积大于地面磁场面积，而云团整体磁场强度小于地面强磁场时，地面强磁场首先会吸引整体云团中的强磁场云块，同时强磁场云块也会吸引地面强磁场，这是一个互吸的关系。由于云团是运动的，而大地是不运动的，在互吸的过程中，会把云块体积拉下来，拉向强磁场地面，地面强磁场会把氮气分子、氧气分子和水汽分子从云块体积内整体吸引下来，一直拉到距离地面的一定高度上，形成云柱，成为主体结构，此时完成了第一步。

3. 眼区如何建立与龙卷风如何旋转起来

在龙卷风的整体结构里，眼区为第二主体结构，仅次于云柱，没有云柱，眼区不能建立，这是第二步。在第二步里，云柱区已建立起来，呈低温区，在低温区内，氮气分子、氧气分子和水汽分子会释放潜热（光子），释放出来的这些光子会结合成为电子，如图3-4光电效应图。"当光照射到阴极板表面时，会产生出微弱电流，说明所产生的微弱电流应由光子产生。光子数目多时，所产生的电流强，光子数目少时，所产生的电流弱，可将光电效应的实验看成是光子可形成电子的实例"，这时云柱区内又产生了电子。

这个显磁性的云柱，实际是一个磁场区。现在这个磁场区是向下的，云柱内的三气体分子在引力的作用下，从空中到地面，处在向下运动之中，这是一个动的磁场，同时也是一个变化的磁场。依据麦克斯韦的电磁理论，"变化的磁场在周围空间产生电场"，这时在云柱内自然会有一个电场出现，比如上面说的有一个直径约20米的空心眼区。这个空心眼区的出现，要建立在物质基础之上，这就是电子。电子的来源有两条：一条是上面所说的来自于云柱内的三气体分子所释放出来的光子，光子结合成为电子。一条来自于空间的自由电子，是最容易被磁场捕捉的对象。有了这样的物质基础来源，在磁场的作用下会自然的形成电场，这个电场类似于台风的"眼区"，在眼区内充满了电子，电场已建立完成。这时云柱内有了电场，云柱本身又是磁场，在这样的机制下，云柱会自然地旋转起来，电子作上升运动，磁场作逆时针旋转运动（它服从安培右手定则），龙卷风就这样瞬间转动了起来。这应是龙卷风的形成机理，也是龙卷风的形成过程。

在这一形成过程中，对麦克斯韦的电磁理论有一个重新的认识和理解：

这就是"变化的磁场在周围空间产生电场"。在周围空间产生电场的范围，不应局限在磁场的外围，比如在云柱内也会产生电场，像直径20米的中心眼区，应该说变化的磁场在周围产生的电场包括外围和内部。在特定的环境条件下，有云柱内部大量电子的产生，在云柱磁场的作用下，这么多内部大量电子的产生就会自然形成电场，这正是龙卷风形成的特别之处。这个特别之处才使得龙卷风旋转方向总是呈反向，它服从于安培的右手螺旋定则，如图1-8，电流在内流动的方向呈上升，磁力线在外流动的方向呈反向。应该说99%的龙卷风都呈逆时针旋转反向，还有1%的龙卷风应呈顺时针旋转正向，下面推测如下：

二、正向龙卷风

正向龙卷风的形成与反向龙卷风的形成有共同之处，如云柱的形成；也有不同之处，如在云柱内没有眼区。下面先从共同之处说起。

形成云柱有这样3个方面：

（1）在大的云团中，可能存在磁性极强的云块，这种云块面积范围可能会很小，当飘浮经过地面强磁场时，会被地面强磁场吸引，从云团中拉出（互吸关系），拉出来的是三气体分子，到达地面一定高度形成云柱。由于拉出来的云块范围面积很小，三气体物质不足以形成大直径的云柱。

（2）也可能地面最强磁场面积范围很小，地面最强磁场面积对应云团范围面积，把对应云团的那一小部分拉出来（互吸关系）形成云柱。

（3）在云团内磁场会有强有弱，在有强有弱的面积内会有大有小，而地面磁场也有强有弱，在有强有弱的面积内会有大有小。当云团最小面积磁场最强，与地面最小面积磁场最强相遇时，就会把三气体分子拉出来形成云柱。

在以上3种情况下形成的云柱直径范围应该不会很大。

云柱内不能形成眼区，有这样3点：

（1）正常龙卷风的云柱直径范围在137米左右，在这一直径范围内，有大量的三气体分子，三气体分子所释放出来的光子会结合成为电子。还有来自空间的自由电子，有了这样的物质基础来源，在磁场的作用下，在云柱内部会自然形成眼区（电场）。而在正向龙卷风中云柱的直径范围可能极小，要小于137米很多，三气体分子所释放出来的光子不足以形成更多的电子。

（2）云柱属低温区，所释放出来的光子又会被组成云柱的三气体分子本身所吸收，也不足以形成更多的电子。

（3）在极小直径范围的云柱内，也不会有更多天然的自由电子。

如果有以上3点，在云柱内就不足以形成电场，也不会出现眼区。依据麦克斯韦理论，在云柱外应有电场（电流）产生，它围绕云柱旋转。

如果云柱内无中心眼区，那么旋转方向又如何呢？它的旋转方向是这样的：

现在把云柱直径范围比作安培右手中的那根直导线，在导线外围是流动的电子（电场区范围），它仍服从于安培定则："用右手握住磁力线（云柱），让垂直于四指的拇指指向磁力线方向，弯曲的四指所指的方向就是电流的方向。"

这个电流就是电场，云柱被地面强磁场吸引磁力线方向是向下的，这个电流（电场）在外围绕云柱磁场作顺时针旋转运动。（如图5-3）

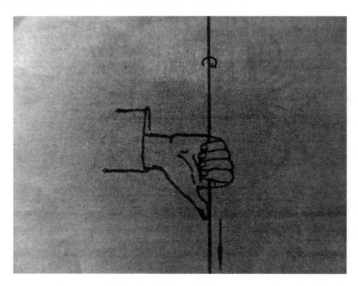

图5-3

这是对正向龙卷风旋转方向的一种解释。

与台风相比，龙卷风具有了两种旋转运动方向，这两种旋转运动方向由两种结构模式或两个特别之处产生出来：一种结构模式是由云柱内有眼区出现产生逆时针反方向旋转运动，一种结构模式是由云柱内无眼区出现产生顺时针正方向旋转运动。这种顺时针正方向旋转的龙卷风出现的概率是很小的，但它应一定存在，因为会有这样无眼区云柱的结构模式存在。

三、对龙卷风表现出各种各样的运动现象给出解释

当龙卷风形成后会表现出各种各样的运动现象：

（1）云团不会掉下来；

（2）龙卷风常常挂在空中；

（3）龙卷风出现漏斗状；

（4）龙卷风眼区内气流下沉；

（5）龙卷风云柱区内气流上升；

（6）有粒子碰撞与声音；

（7）有汇流碰撞与声音；

（8）有电粒子碰撞与声音；

（9）龙卷风伴随闪电与火光。

1. 解释云团不会掉下来

（1）根据书中知识："空气上升时绝热冷却，每上升1000英尺（304.8米），气温下降5.5F（每千米10℃），以干绝热直减率降温。而水汽分子每上升1000英尺（304.8米），气温下降3F（每千米6℃），以湿绝热直减率降温。"[5]这是空气分子和水汽分子在上升过程中的温度变化，总体呈温度下降趋势。现在整体云团被地面磁场完全吸引下来，温度应从下降转变为上升。云团每下降1千米，温度应上升10℃，假设按下降3000米计算，云团应增温30℃。现在假设整体云团的顶部已在8000米的高空，温度已在−30℃。如果按下降3000米计算，顶部高度为5000米，顶部温度应为零摄氏度。现在整体云团在顶部温度为零摄氏度，那么底层温度要

高于零摄氏度。假设云团的底部按低空云的高度3000米计算，顶部高度为5000米，底部高度为3000米，云团总厚度为2000米，从顶部高度再下降2000米到底部，每下降1千米，温度应上升10℃，那么底部温度应为20℃，同时在底部还有地面热辐射的增温。在这样的温度下，整体云团会发生变化，空气具有热胀冷缩的性质，当温度在零度以上时，氮气分子、氧气分子和气体分子会吸收热能，体积不再收缩而是膨胀，膨胀后的体积增大，上升力增强，会克服自身重力和地面引力，这时氮气分子、氧气分子和气体分子处在上升期，由三气体分子组成的积雨云团整体不再下降，而是上升，这是云团为什么不会掉下来的原因之一。

（2）现在整体云团温度已转变为上升，依上面云团每下降1千米，温度上升10℃计算，顶部温度为零摄氏度，底部温度为20℃。在这样的温度下，氮气分子、氧气分子和气体分子会吸收热能，它们的电子又处在高轨道上运行，又呈显电性，由三气体分子组成的积雨云团整体呈显电性，底部应大于顶部，地面磁场不再吸引它，云团整体不再下降，这是云团为什么不会掉下来的原因之二。

2. 解释龙卷风常常挂在空中

上面两条，也是龙卷风常常挂在空中的原因。云柱与云团一样，它首先要比云团接近地面，在到达地面时，地面有热辐射，会使空气温度升高，由于温度的升高，三气体分子呈显电性，不再呈显磁性，由下降转为上升，地面强磁场不能再把云柱吸引拉到地面，这是龙卷风挂在空中的一种解释。

3. 解释龙卷风会出现漏斗状

当大地局部强磁场要把大部分云团吸引拉动时，大部分云团面积应大于局部地面强磁场的面积，局部强磁场的面积范围对应于大片云团中的一部分，把云团中的一部分吸引拉下来，形成云柱。云柱伸下来的这一部分，在这一长度上应与开口处云团的底部直径相同，如何保证这一整体长度上与云团底部的开口处直径相同，应该是流量与速度相同，在相同的流量下，在相同的速度下，直径的范围不会变化。比如在一定的流量下，在这个直径的范围内，在这一长度距离上，需3秒的时间才能填满，如果每一段一直保持这样的时间，在这一直径的范围才不会改变。在地面磁场引力的作用下，这一流速时间一定要有变化，当氮气分子、氧气分子和水汽分子在引力的作用下被吸引下来时，越接近地面，引力越大；引力越大，流速越快。比如在下一个直径和长度范围上只停留了2秒, 在这个长度距离上已经减少了一秒时间的流量, 在减少一秒时间的流量下, 在这个长度距离上的直径范围不能被填满, 直径范围会自然地收缩变小, 直径范围变小, 实际是直径在变细。当流速越来越快时, 在下降中, 在下一个长度距离上, 又减少了1秒时间的流量, 直径又在变细。这样, 又在下一个长度距离上, 时间又在缩短, 流量又在减少, 直径范围又在缩小。流速越来越快, 流量越来越少, 直径越来越细, 云柱整体便出现上大下小现象, 整体看上去很像大象的鼻子, 这是对龙卷风出现漏斗状的解释。

4. 解释龙卷风眼区内的下沉气流

龙卷风就像一台电动机已经旋转起来, 首先由于磁场的引力作用, 会把四周的空气从近处或从远处吸引过来。吸引过来的气流可能会分为这样两部分: 一部分会跟着云墙区内的上升气流上升, 另一部分会进入眼区内。为何会进入眼区内? 有这样两点理由:

(1)由于磁场的旋转作用, 在移动中会把气流带入或卷入进眼区内。

(2)由于眼区内呈低压区, 如上面所说只有400百帕左右, 甚至可低到200百帕左右, 有这样一个低压区存在, 高压气流最易进入。进入眼区内的高压气流会受到两种力的作用, 一种为重力作用, 一种为磁力作用。

a.重力作用:

在眼区内是最低低压区, 进入眼区内的高压气流分子会直接下沉, 就像水流跌入谷底一样, 这应属重力作用。

b.磁力作用:

在眼区内, 从下至上为电场区, 电子流是上升的, 从下至上没有磁场, 卷入眼区内的高压气流里的氮氧分子和水汽分子应该是显磁性的气体分子, 它不会随电子流上升, 这时有两种可能存在: 一种会被地面引力吸引, 直接下沉, 气流又流回地面; 另一种是下沉流回到地面的气体分子可能又会被云墙磁场吸引, 进入云墙区, 加入上升气流当中, 这样两条应属磁力作用。

以上是对龙卷风眼区内下沉气流的一种解释。

5. 解释龙卷风云柱区内的上升气流

龙卷风一旦转动起来, 磁场的磁性物质补充来自两部分, 一部分来自空间磁力线, 成为旋转动力的一部分。另一部分来自随磁力线吸引过来的显磁性的氮氧分子和水汽分子。在云柱区内, 整体一直应呈低温区, 当氮氧分子和水汽分子进入这一地区, 会被冷却, 释放潜热体积收缩, 氮氧分子和水汽分子就更具显磁性了, 这时有三方面上升的理由:

（1）会被大的云团磁场吸引上升。

（2）在被大的云团吸引的过程中, 还要跟着磁力线围绕眼区运转, 一边运转, 一边上升, 上升的线路呈螺旋状到达顶层。

（3）当电场与磁场形成这样的旋转机制后, 磁力线围绕眼区运转, 实际是围绕电场运转, 电子流上升, 磁力线也随着上升, 气体分子自然就跟着磁力线上升。这一条是气流上升的主要原因。

以上3点是对云柱区内上升气流的一种解释。

6. 解释龙卷风内的粒子碰撞与声音

当龙卷风经过时, 会发出各种声音:"会发出雷鸣般的声音, 会发出刺耳的呼啸声。""龙卷风来时会响起如飞机掠过头顶, 重型汽车声嘶力竭爬坡的巨大声音, 还可听到种种怪声, 有时像野兽咆哮, 有时又像万炮齐发, 也有时像成千上万的蜜蜂在嗡嗡飞鸣。"[6]针对这么多个声音的描述, 结合龙卷风内粒子的碰撞过程, 给出解释。

龙卷风内有什么? 有氮氧分子气体和水汽分子气体, 这些气体粒子会发生碰撞:

在云柱区内充满了氮氧分子气体和水汽分子气体。这是一个低温区, 氮氧分子气体整体呈显磁性, 每个氮氧分子和水汽分子身上都带有一个微小磁场, 每一个微小磁场都处在运动之中。极性相同会发生碰撞, 在碰撞的过程中应该会发出声音。氮气分子与氧气分子应在排斥碰撞中调整极性后会自然地再次相互吸引, 就像两块磁铁相遇, 极性相同会排斥, 在排斥后自然调整极性又相吸, 吸引后磁场增大。增大后的磁场仍处在运动之中, 在运动之中极性还会调整, 调整后或极性相同, 或极性不同, 极性相同还会排斥碰撞, 极性不同又去结合成大的磁场, 这样如此反复。在云柱区内, 氮气分子与氮气分子之间, 氧气分子与氧气分子之间, 氮气分子与氧气分子之间, 水汽分子和水汽分子之间, 氮氧分子和水汽分子之间, 都会发生结合与碰撞这一现象, 都会从微小磁场排斥碰撞聚积到大磁场, 这种大磁场的互相排斥碰撞的声音可能是飞机掠过头顶的声音，或者是汽车爬坡的声音。

7. 解释汇流碰撞与声音

当云柱形成后，云柱内的气流应分两部分，一部分为旋转螺旋上升气流，是由电场与磁场这一机制所发生，螺旋上升气流为主体上升气流，呈大部。另一部分为电场垂直上升气流，呈小部。这样在云柱内有两种不同方向的上升气流，在上升中螺旋上升与垂直上升两股气流应会发生汇流，在汇流中会有排斥碰撞。排斥碰撞应发生在场的碰撞之中，遵守安培定则，磁场为逆时针旋转，电场区为上升运动。初时，在形成逆时针旋转的上升磁场时，会有磁场与磁场之间的极性调整，在极性调整中会有碰撞，在极性调整中会形成统一上升的旋转磁场，这是在云墙区。而在眼区，同样在形成统一上升的电场时会有电场与电场之间的极性调整碰撞。这是一种磁场与电场有机结合的一种自然的碰撞关系，如大小磁场之间的碰撞，碰撞后会有声音发出，可能像野兽咆哮的声音；如大小电场之间的碰撞，碰撞后会有声音发出，可能会发出隆隆打雷的声音。

8. 解释电粒子碰撞与声音

在云柱的电场区内（眼区），有大量的自由电子，有光子结合的电子。初时，这些电子在运动，应是杂乱无章的，在杂乱无章的运动中会发生相同极性排斥碰撞，这些碰撞同样会发出声音。当这些碰撞的电子在磁场的作用下，会把电子调整到不同极性上，最终调整到统一或同一的运动方向上，形成一致的上升电子流。在眼区内，有自由电子的不断补充，有光子结合成电子的不断产生，这些不断补充的和不断产生的电子，在眼区内应该是从下至上，总是处在初时，总是处在杂乱无章的排斥碰撞状态之中，总是在磁场的作用下调整到统一或同一的运动方向上，形成一致的不断的上升电子流。在这一初时的过程中，电子总是排斥碰撞的，碰撞后总会有声音发出的。如果是两股电子流排斥碰撞，可能像万炮齐发（如雷声）；当电流在短路时，会有火花爆出（如闪电），这是雷电成因的一部分；如果是单个电子接连不断排斥碰撞，可能像成千上万只蜜蜂在嗡嗡飞鸣。

9. 解释龙卷风内的闪电与火光

龙卷风的出现往往伴随着闪电与火光，引用这样几条如下：

（1）"夜晚出现龙卷风的时候，它的景象既使人害怕，又使人犹如进入仙境。大

气中充满电荷的旋风柱闪闪发光,它的上部放出闪电的火花,经过城镇上空时,好像所有建筑物都在燃烧。"[7]（如图5-4）

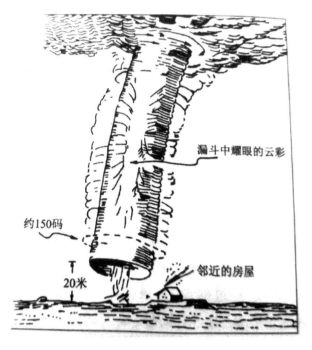

漏斗中耀眼的云彩

约150码

邻近的房屋

20米

图 5-4

（2）"1928年6月22日下午,美国堪萨斯的一位农民威尔·凯勒正在田间劳动,他偶然抬头往天空一看,只见一阵龙卷风滚滚而来,他立即跑向掩体。就在他要关门时,忽然想起再看一眼龙卷风的真面目,他往上一看,十分震惊地发现,他看到的是龙卷风漏斗的中心。漏斗壁是快速旋转的云雾。在漏斗内部有不断的闪电,明亮耀眼,刺眼的电光曲曲折折地从一侧射向另一侧。"[8]

（3）"1890年8月18日至19日法国发生陆龙卷与带电的风暴,在发生的整个时间内,闪电连续不断。在不同的地方都嗅到了臭氧的臭气。在雷诺,正在照料一头在草地上吃草的乳牛的一位妇女,曾看见自己被包围在紫色的光芒之中,这些光芒是如此之强,致使这个妇女由于惊恐用她的手捂住了脸。"[9]

（4）"国外的大量观测资料也证实,陆龙卷中存在着很强的带电现象,弗洛拉引用了哈里逊的结论:一个独特而且具有很强特点的闪电几乎总是伴随着陆龙卷。"[10]

（5）"闪电和陆龙卷之间的密切联系的真实证据，是由琼斯所做的无线电静电测量证实的。他根据风暴电子探测仪测量得出的结论是：在产生陆龙卷的风暴中，闪电的放电是以每秒10或20次的速率出现的，这大约是普通风暴中放电速率的10倍。（这样快的闪电速率表明龙卷风中等离子体密度极高，高密度等离子体的快速复合放能也为龙卷风提供了强大的动能）。"[11]从以上现象中有了如下5条总结：

在第1条中看到了龙卷风放出闪电的火花，经过城镇上空时，好像所有建筑物都在燃烧。

在第2条中看到了漏斗壁是快速旋转的云雾。在漏斗内部有不断的闪电，明亮耀眼，刺眼的电光曲曲折折地从一侧射向另一侧。

第3条是陆龙卷与带电的风暴。在强风暴影响的整个时间内，闪电连续不断，在不同的地方都嗅到了臭氧的臭气，曾看见自己被包围在紫色的光芒之中，这些光芒是如此之强。

第4条是国外的大量观测资料也证实陆龙卷中存在着很强的带电现象。弗洛拉引用了哈里逊的结论：一个独特而且具有很强特点的闪电几乎总是伴随着陆龙卷。

第5条是说在产生陆龙卷的风暴中闪电的放电是以每秒10或20次的速率出现的。

针对上面5条现象继续作下面论述：

针对第1条可分为云柱外围和云柱内部来论述。

云柱外围：从插图中看到了龙卷风满身带着耀眼的云彩，说明整体都在放电。依据麦克斯韦的电磁理论，"变化的磁场在周围空间产生电场"，这时在云柱外自然会有一个电场出现，这个电场要建立在物质基础之上，这就是电子。电子的来源有两条，一条是来自于云柱外的三气体分子所释放出来的光子，光子结合成为电子。一条来自于空间的自由电子，是最容易被磁场捕捉的对象。有了这样的物质基础来源，在磁场的作用下会自然地在云柱外围形成电场。在电粒子碰撞一节里，有自由电子的不断补充，有光子结合成的电子不断产生，这些不断补充的和不断产生的电子，在云柱外应该是从下至上，总是在不断地补充，总是处在初时，总是处在杂乱无章的碰撞状态之中，总是在磁场的作用下碰撞调整到统一的运动方向上，电子的碰撞正是由耀眼的云彩表现了出来,这是对云柱外围而言。

云柱内部:从插图中看到了龙卷风满身带着耀眼的云彩,说明整体都在从下至上放电。在电粒子碰撞一节里说明,龙卷风在眼区内有自由电子不断补充,光子结合成的电子不断产生,这些不断补充的和不断产生的电子,在眼区内应该是从下至上,总是在不断补充,总是处在初时,总是处在杂乱无章的碰撞状态之中,总是在磁场的作用下碰撞调整到统一的运动方向上,碰撞后形成一致的不断上升的电子流,耀眼的云彩正是由不断碰撞的电子发生的,这是对云柱内部而言。

第2条是说漏斗壁是快速旋转的云雾,是龙卷风的磁场区,由它建立起眼区,制造出漏斗内部不断的闪电。刺眼的电光曲曲折折地从一侧射向另一侧。在气流螺旋上升的过程中,这一曲折刺眼的电光应是由气流内的电子碰撞产生,或由交叉汇流的电子碰撞中产生。这应是闪电的成因,这是针对第二条。

第3条是说由于陆龙卷的强烈带电性,闪电连续不断,会嗅到臭氧的臭气。同时自己又被包围在光芒之中。针对第3条,作如下解释:

"在夏天雷雨季节,电闪雷鸣以后,可能有一点臭味,那是氧分子被光子分解,分成了活泼的氧原子,一个氧原子与氧分子结合,成为有臭味的臭氧。"[12]连续不断的闪电会辐射连续不断的光子,像太阳辐射光子一样,把空间照亮。这些连续不断的闪电背后,应是连续不断的电流碰撞。

第4条说陆龙卷存在着很强的带电现象,这些带电现象被闪电表现了出来,由大量的观测资料所证实。在闪电的背后,应同样是电流的强烈碰撞,这是针对第4条。

第5条是说在陆龙卷的风暴中,闪电以每秒10或20次的速率出现。针对第5条,作如下解释:

在眼区内,有自由电子不断补充,有光子结合成的电子不断产生,这些不断补充的和不断产生的电子,在眼区内电子总是碰撞的。当这些碰撞的电子在磁场的作用下,会把电子调整到同一的运动方向上,形成一致的上升电子流。在调整中应该是从少到多,从一个电子到多个电子,或更多电子形成一股电子流,这样形成的一股电子流应在每个电子的调整碰撞中形成,在这样重复的过程中,会一股一股地形成,然后再一股一股地调整碰撞,然后形成多股,然后再多股多股地调整碰撞,最后整体碰撞形成整体上升电子流。闪电应发生在股与股之间的碰撞当中,那样电流会很强,且容易发生闪电;不应发生在单个与单个的电子碰撞之中,或单个与多个电子之间的碰撞之中,那样电流会很弱,虽然会有闪电,但不应看到。如果电子探测仪测量得出的结论是正确的,那么在龙卷风的磁场区内,在眼区内每秒就会出现10次到20次的闪电,应该由碰撞发生,都应发生在股与股电流之间的碰撞当中。

四、对与龙卷风相关的以下现象给出解释

1. 龙卷风形成后会刮向哪里

当龙卷风一旦转动起来,成为一台集中旋转磁场,磁场强度要大于地面磁场,也应大于母体(自身云团)整体磁场。磁场强度大,旋转力度也大,有了大的旋转力度,不会被地面磁场吸引在原来形成的地方,这时有好多方面的磁场力在吸引它,或者是它去主动吸引,这些磁场有近地磁场、远地磁场和空间磁场,如另一云团磁场。这些磁场与龙卷风旋转磁场是互吸的,这时龙卷风具有双重力,既有自身的磁场强度力和旋转力,还有其他磁场的吸引力,二力相加要大于地面磁场吸引力,所以不会被地面磁场吸引固定在原地。在这些磁场力的吸引下,龙卷风在旋转中移动,在移动中远离,它会刮向哪里? 有这样几种可能:会刮向近地或远地磁场,或者刮向空间磁场。比如另一大的云团由云块组成,应该有不均匀的磁场云块,磁场会有强有弱,这些强的磁场云块会吸引云柱。在上面的几种磁场里,云柱总是会刮向最强磁场,这应是龙卷风要刮的方向。

2. 龙卷风不会脱离母体云团

云柱整体由母体云团诞生,始终被母体自身云团吸引。由于龙卷风具有双重力,即自旋力和互吸力,不会停留在原地,当龙卷风远离原地后,地面磁场对龙卷风的吸引力或减弱或消失,这时母体云团会把云柱吸引或收回。当地面磁场力足够的大时,只能把云柱拉到离地面更近,不能把云柱拉断,云柱不会离开云团;当云柱远离原地后,母体云团又把云柱拉回。

3. 龙卷风刮的时间怎会如此短暂

(1)由于龙卷风的自旋力非常强大,移动速度又非常快(可达200~300千米/

时)，地面强磁场的范围又小，不能长距离地吸引拉住云柱，没有足够大的面积供龙卷风"长跑"。

（2）一旦龙卷风离开地面强磁场的范围，母体云团就会把云柱吸引收回。

4. 龙卷风消失

综合以上几点，龙卷风一旦转动起来，就会远离原地。由于移动速度非常快，地面强磁场的范围面积又非常小，母体云团始终吸引云柱，地面强磁场一旦减弱或消失，母体云团会把云柱及时地收回，龙卷风瞬间消失。

5. 多个龙卷风的形成

它与单个龙卷风的形成机理一样，会有这样2种情况：

（1）当大的积雨云团要飘过地面强磁场时，会被地面强磁场吸引，会把母体云团内的氮氧分子和水汽分子吸引下来，形成云柱，云柱内会有电场发生，此时第一个龙卷风形成。形成后的龙卷风被母体云团吸引前行，在移动中第一个龙卷风已逐渐远离了原来的地面磁场，但此时的积雨云团仍把地面强磁场覆盖，被地面强磁场吸引，会把云团内的氮氧分子和水汽分子吸引下来，形成云柱，云柱内会有电场发生，此时第二个龙卷风形成。形成后的龙卷风被母体云团吸引前行，在移动中第二个龙卷风已逐渐远离了原来的地面磁场。如果母体云团面积范围足够大，在整体移动中，仍会被地面强磁场吸引，会形成第三个或更多龙卷风。这是第一种情况。

（2）当积雨云团从地面强磁场上空经过时，由于地面强磁场会有很多，或两个，或三个，或更多，它们之间会隔着一定的距离，因此多个地面强磁场会把云团内的氮氧分子和水汽分子吸引下来，形成一个个云柱，成为一个个龙卷风。多个龙卷风或间隔形成，或同时形成。这是多个龙卷风或间隔形成或同时形成的第二种情况。

6. 水龙卷或海龙卷

由湖泊或浅海形成，也可从陆地形成。

（1）由湖泊或浅海形成。

这些湖泊与浅海，应是由地壳千百万年的运动变迁而形成，地壳运动在前，湖泊与浅海形成在后。在湖泊与浅海的下面，应有强磁场的存在。当积雨云团要飘过湖面或海面时，会被地下强磁场吸引，会把母体云团内的氮氧分子和水汽分子吸引下来，形成云柱，云柱内会有电场发生，此时水龙卷或海龙卷形成。形成后的水龙卷或海龙卷被母体云团吸引，在随母体云团的移动中会把湖水或海水带走。由于湖泊与浅海的深度不够（几百米或上千米到两千米），不足以把湖底和海底的地下强磁场屏蔽。

（2）从陆地形成。

当龙卷风在湖泊附近或海边形成后，由于云团的移动方向正好飘向湖泊或浅海或海湾；或湖底和海湾有地下更强磁场，会把龙卷风吸引带入附近的湖泊或海湾，转而成为水龙卷。

7. 火龙卷

（1）在大火区域，上空会有强烈的上升气流，在气流内有氮氧分子和水汽分子，它们都呈显电性，在上升的过程中，很容易形成电子流，当这股电子流在一定的高度，会把磁力线缠绕，在空间形成旋转风，这种旋转风会把大火区域上空的烟雾卷入，形成一股烟柱一直到高空，疑似烟龙卷或火龙卷。这样的旋转风一旦失去上升气流的支持，也会瞬间消失。

（2）在火区附近形成

当龙卷风形成后，会随着母体云团移动，在移动的过程中，母体云团正好经过大火区，会把火苗卷起，转而成为火龙卷。

（3）在大火区域形成

"1923年9月1日，日本东京发生大地震后，引起无法控制的大火灾长达40小时以上。大火区上升的烟和热空气聚集成银光辉映的积雨云，40千米以外的地方都能看到。从积雨云底向地面伸出一条条如大象鼻子似的龙卷。一些强龙卷沿途把人和汽车吸起，甚至将一间房屋连同里面的8个人一起卷入空中。在24小时内，地震火灾区出现120个火龙卷和烟龙卷，造成了惨重的伤亡。"[13]

"从积雨云底向地面伸出一条条如大象鼻子似的龙卷"，说明在天空这是一片很大的积雨云团。依据龙卷风形成机理，这一条条龙卷风，是由地面磁场吸引拉出，说明在地面有地面强磁场。

"在24小时内，出现了120个火龙卷和烟龙卷。"在这120个火龙卷的形成原因应由三部分组成：

①由旋转风形成烟龙卷,这种旋转风会把大火区域上空的烟雾卷入,疑似烟龙卷或火龙卷。在大火区上空可能会有这种现象。

②由陆龙卷转为火龙卷。当龙卷形成后,会随着母体云团移动,进入火区会把火苗卷起,转而成为火龙卷。

③由单个地面磁场重复把云团吸引,形成一个一个的龙卷风,然后再转为火龙卷。

④由多个地面强磁场同时把云团吸引,形成一个一个的龙卷风,然后再转为火龙卷。

如遇面积大、火势旺,高度高的大火,会不会有火龙卷发生? 当磁力线穿过这样的大火时,依据居里温度,磁力线会减弱或消失,云团磁场与地面磁场之间不再互相吸引,应会被大火阻隔。应该说有面积大,火势旺,高度高的大火的地方不会有龙卷风的出现。

8. 为什么会出现这么多的火龙卷

有这样两个原因:

(1)地面强磁场分布范围广,像铁矿石的矿床,东一片西一片。

(2)这些强磁场分布的附近都应有大火发生,"如在1923年9月1日日本关东大地震(8.2级),在距震中100千米的东京,大震后半小时共有136起大火发生,持续三天两夜。"[14]应该说这次发生的特大地震应处在强磁场区域,天空有更大面积的积雨云团,大火就在其中。在大火长时间的持续下,一旦附近有龙卷的发生,就会很容易把大火卷入,成为火龙卷。处在这样的强磁场区域,大火持续时间长,火龙卷就多;大火持续时间短,陆龙卷就多。

五、龙卷风的预防

基于上面的讨论,由于地面磁场的强大引力,云柱总要倒挂下来"亲吻"大地。如何消除地面磁场的引力,不使云柱倒挂下来,这是减少龙卷风首先要做的重要一步。对预防龙卷风这样的自然灾害现象,与预防台风正好相反,台风的预防是拦截,而龙卷风的预防是屏蔽与引导。

1. 屏蔽预防

屏蔽的主要目的是减弱大地磁场的强大引力作用,不去吸引积雨云团,不去拉下云柱。如何屏蔽?如何建立这样的机制?

"磁体的磁力可以穿透空气、纸板等材料,这叫磁的不可吸收性。而对于金属物质来说,磁力线不能穿透,只能被金属物质所吸收,这叫物质的可吸收性,只有磁性材料具有可吸收性。"[15]如何不使云柱倒挂下来?应对大地磁场实行磁屏蔽。首先是确定地点,确定龙卷风经常光顾的地方和经常发生的地方,比如美国的龙卷风走廊。

美国的大平原具备产生龙卷风的条件:"来自墨西哥湾的暖湿气团向北移入较低的大平原,从加拿大过来的干冷气团向南移动。当它们相遇时,冷气团潜到暖气团下面,暖气团被抬升,一个大范围的雷雨风暴面就形成了,产生的风暴由西南向东北方向运动。单个风暴面可以形成10个或更多的龙卷风。美国每年大约有800个龙卷风,频率高于世界其他国家。大平原的天气类型导致这个区域形成一个龙卷风走廊,从德克萨斯州中北部一直穿过俄克拉荷马州中部、堪萨斯州和内布拉斯加州。"[16]在这一地区探索实行磁屏蔽:

(1)测出地面磁场的磁场强度,然后确定最强点,这个最强点应在这个区域范围之内,磁屏蔽的建立就在这个范围之中。

(2)范围确定后,设计磁屏蔽结构模式。

目的:不再去吸引云团,不再从云团中拉出漏斗状云柱来。

2. 引导预防

在龙卷风经常发生的地方是否有城镇和村庄?如何使城镇和村庄不会受到损毁?当龙卷风来临时,应当及时地引导它,远离这些地方。如何引导?即如何建造人工磁场?当龙卷风来临要路过这些地方时,要送入强大电流,启动人工磁场,制造出更强大的磁场,把龙卷风吸引过来。吸引过来时可能会发生这样两种情况:一是云柱直径范围可能会扩大,会使龙卷风更强。二是强大的磁场可能会把云团吸引拉住,把云柱再拉出来,形成第二个龙卷风。在这一引导中,除非是特重要城镇,或人口稠密的村庄,一般不采纳引导的办法,引导不能把龙卷风消除,只是改变路线。

上面两种预防构想均可以探索,如果第一种屏蔽构想模式可有效地阻之和减少龙卷风的发生，就不选用第二种。当处在特定的自然环境下，如龙卷风走廊，在走廊的地域范围，有人口稠密的城镇和农庄，可建议这样一种模式：把屏蔽磁场和引导磁场合二为一，在平时可正常发挥屏蔽磁场的功能，在紧急时发挥引导磁场的功能。

六、续记

由于本篇定稿在前，所发生的事件在后，在这里有这样两点补充：

1. 在中国长江中游水域发生客轮翻沉事件

从《人民日报》获悉："2015年6月1日21时30分许，重庆东方轮船公司所属旅游客船'东方之星'轮在由南京驶往重庆途中突遇龙卷风发生翻沉。据初步统计，事发客船共有454人，其中游客403人。"

又据中国经营网消息："客轮是逆水上行，且风大雨大。"又据《凤凰网财经评论》消息："事发时，船航行至监利县大马洲水段突然向北岸翻沉。"

《人民日报》2015年6月14日消息："东方之星号客轮上共有454人，其中成功获救12人，遇难442人。"

这是一件震惊的事件，也是一件痛心的事情，它夺去了442人的生命。下面对这一事件的发生依据龙卷风形成的原理再作下面推测。

根据书中的论述，龙卷风应由两个基本因素条件形成，第一个因素条件是天上应有积雨云团，第二个因素条件是地下应有强磁场。

第一个因素条件是有积雨云团：

观察者网2015年6月2日消息："据中央气象台消息，6月1日20时以后有一条带状云带雷暴回波自西向东经过监利县，雷达观测到的最强回波21时06分出现在监利县西南侧15千米处，强度为50dBZ，回波高度7~9千米，移动速度每小时30~40千米。"该报道称："6月1日晚上到6月2日凌晨，湖北长江沿岸的监利、石首等地普遍出现强降雨。6月1日下午17点到6月2日凌晨5点，监利下了158,8毫米的大暴雨，其中仅21点到22点一小时就下了64.9毫米的短时更强降雨。"

从这一信息中可以确定，大暴雨应来自积雨云团，同时雷暴的产生也来自积雨云团,雷暴伴随着积雨云团。积雨云团的高度应是回波的高度,为7~9千米的高度,那么它的底层离地面的高度应低于这个高度很多,因为这样大的暴雨应有足够厚度的积雨云团,比如这个底层高度在3千米或更低,这个积雨云团的总厚度应在3~9千米的范围,在底层高度3千米的高度范围内所产生的雷暴回波有可能雷达不能观测到。

第二个因素条件地下应有强磁场:

每小时30~40千米,应为积雨云团的移动速度,因为雷暴始终伴随着积雨云团,雷暴的移动应是积雨云团的移动。积雨云团受多种力的牵引,因为积雨云团呈显磁性,所以或者被大地磁场吸引拉动,或者积雨云团去吸引大地磁场,或者是大风的推动,这个移动速度应为大风的推动速度。

(1)如何形成龙卷风?

当这个带状积雨云团在21时06分出现在监利县西南侧15千米处时,这个积雨云团显最强磁性,积雨云团身上带着最强磁性由西向东移动,此时龙卷风还未出现。龙卷风形成的时间应在21时06分到21时30分之间,假设在21时20分形成,在这个形成前的时间段内,地面会出现局部更强磁场,它应大于云团整体磁场,面积要小于整体云团。依据龙卷风的形成原理,地面局部更强磁场出现大于云团磁场时,会把积雨云团吸引拉下形成云柱,此时龙卷风开始旋转移动。

(2)龙卷风的路径。

形成后的龙卷风会向更强磁场方向移动,这个更强磁场方向应在长江北岸。当龙卷风移动到达江面时,正好客轮从此段江面向上游逆行,客轮可能离江的北岸还有一定距离,被龙卷风卷入带到北岸倾覆,这个时间段应为上面报道的时间,即21时30分。如果客轮在一两分钟内倾覆,应为21时28~30分。

(3)龙卷风的力度。

从中国经营网得知:"东方之星号客轮总重2200吨。""在一两分钟之内倾覆倒扣在水中。"

东方之星号客轮自身总重2200吨,如果满载应大于2200吨,这么重的客轮在一两分钟之内倾覆倒扣在水中,这应是磁场力与电场力的结合。在自然界中,电场与磁场结合的力最大,它类似于电动机。

（4）龙卷风的消失。

客轮的翻沉并不能使龙卷风减弱或消失，它会随着整体云团的移动继续向长江北岸前行，去吸引或互吸到达更强磁场。当到达更强地面磁场时，会把云团中更多的大气分子拉出，使云柱范围进一步扩大，整体云团被大风推动会远离这一地面磁场，整体云团在逐渐远离中地面强磁场对整体云团的吸引也在逐渐减弱。当整体云团磁场完全脱离这一地面强磁场时，云团吸引收回云柱，云柱消失，龙卷风也随之消失。龙卷风云柱始终不会远离或脱离龙卷风母体云团。

如何避免这一事故的发生，根据书中龙卷风形成的原理有这样三点建议：

①可探测确定沿江两岸最强磁场区，当这一带天空有积雨云团时，或夜间航行时，客轮应在这一带停靠。

②现有船体都是金属材料制造，应将金属船体表面进行包裹（屏蔽），以减少龙卷风磁场对船体的吸引性。

③船体整体结构形状应设计为椭圆形，尤其是客轮，这样可分解和分流龙卷风的动力。

2. 美国科罗拉多州的西姆拉小镇发生顺时针旋转的龙卷风

《中国气象报》2015年6月18日第3版发表了刘钊的《龙卷风为何不走寻常路？》的一篇文章："几天前，一阵龙卷风席卷美国科罗拉多州的西姆拉小镇。在龙卷风多发的美国，这本没有什么奇怪，但'追风者'记录下的一组短片，却让这次龙卷风成为了人们关注的焦点——与人们的常识不符，它竟然是顺时针旋转的。"

这篇文章告诉了这样一个事件："在自然界中，顺时针旋转的正向龙卷风它真的存在。"正向龙卷风的形成与反向龙卷风的形成有共同之处，如云柱的形成。也有不同之处，如在云柱内没有眼区，在正向龙卷风一节中已给出阐述。当龙卷风形成后，云柱内是否有眼区是左右着龙卷风旋转方向的关键，龙卷风是两种场结合的产物，电场在内（眼区），磁场在外（云柱），为逆时针旋转；磁场在内（云柱），电场在外（电子围绕区），为顺时针旋转。

参考文献

[1] 金传达. 天空趣象. 北京：气象出版社, 2006：150~151, 160.

[2] 同[1].

[3] 同[1].

[4] 同[1].

[5] 迈克尔, 阿拉贝. 飓风. 刘淑华译. 上海: 上海科学技术文献出版社, 2011: 6.

[6] 张宝盈. 发现天机. 北京: 光明日报出版社, 2005: 160.

[7] 金传达. 天空趣象. 北京: 气象出版社, 2006: 152.

[8] 张宝盈. 发现天机. 北京: 光明日报出版社, 2005, 161, 160~161.

[9] 同[8].

[10] 同[8].

[11] 同[8].

[12] 赵世州. 化学迷宫. 北京: 中国少年儿童出版社, 2002: 27.

[13] 金传达. 天空趣象. 北京: 气象出版社, 2006: 152.

[14] 马宗晋等. 地震. 北京: 科学出版社, 2008: 26.

[15] 田站省. 身边的科学电与磁. 西安: 陕西科学技术出版社, 2004: 72.

[16] 帕迪利亚. 科学探索者: 天气与气候. 徐建春, 郑升译. 杭州: 浙江教育出版社, 2003: 86.

第六章　热岛现象

城市化是每个发展中国家的愿望,发达国家最早地实现了这个愿望。城市化后有集中统一的供电系统、供水系统、供暖系统、供燃气系统,还有公共交通系统、粮油蔬菜供给系统等,这些系统基本满足了人民群众的日常生活需求。但在人们日常生活的需求中,会产生出一些人为的效应,有这样三点:

(1)当太阳落山以后,夜幕降临的时候,在室内,人们把家用电灯点亮。在室外,有整排的路灯照亮,使整座城市灯火通明,室内与室外的灯火通明,把它比喻为晚上"延续的太阳"。

(2)在炎热的夏天,室内室外的温度相差无几的时候,人们启动了空调器,把室内的温度置换了出去,使室内的温度降了下来。而室外容纳了室内的温度,使室外的温度增了上来,这一增一减,把它比喻为"室内室外两重天"。

(3)当这座城市的热量全部被聚集在室外的时候,就需要把这些热量全部排出去,这时就需要风把这些热量带走,可风在哪里?这时风被城外的电力线路拦截,把这比喻为"无形的坝",下面分别给以论述。

一、延续的太阳

在城市生活的人们,与农村相比,用电的需求量大,每个家庭各种电器产品应有尽有,对电能的利用最多,比如电灯、冰箱、冰柜、洗衣机、空调、电脑、电视机,还有更多用电的餐具类等。这些电器产品有一个共同的特点,就是当电流经过时,会发光发热,有的可看到(比如灯泡),有的可感觉到(比如空调器),在人们的需求下,各自发挥出各自的功能。下面对电灯进行讨论。

家用电灯由两根导线连接形成回路,当给灯泡送电,电流经过灯丝时,灯丝会发出光来。

1. 电灯的发光机理

电灯由灯泡(玻璃)、灯丝(钨丝)制成,内部真空。钨丝是一种阻电的材料,"电阻率为5.5×10^{-8}欧·米",[1]同时又耐高温,在3000度左右。当电流流过钨丝时,钨丝会把电流中的电子阻拦,使电子在钨丝内的前进速度会降下来。可把导线比作公路,电子比作汽车,电阻钨丝比作减速带。当到达减速带时,前面电子的速度会降下来,后面的电子仍以原有速度运动前进,撞向前面的电子,就像高速公路上发生的交通事故那样,前面的汽车减速时,阻挡了后面未减速的车辆,与前面减速的车辆发生碰撞。当后面的电子碰撞前面的电子后,可能前面减速的电子会破裂,这时释放光子,灯泡被点亮。

电子内有什么?有光子。电子由光子组成,在物质的世界里,在高温的作用下,所有物质都会被燃烧,矿物质有熔点,秸秆物质有燃点,这些物质达到熔点和燃点后,都会发出各种不同颜色的光来,比如红光,绿光,蓝光和紫光等。"在发红光的物质里,电子含10个光子。在发绿光的物质里,电子含13个光子。在发蓝光的物质里,电子含15个光子。在发紫光的物质里,电子含16个光子。"[2]这是《全息宇宙》一书给出了各色光中每个电子含有的光子数。

在物质粒子的世界里,物质都由粒子组成。"粒子都呈显束缚态,夸克不能以自由态的形式出现,它们只存在于束缚态中,还有原子和原子核。"[3]比如氧原子,它由8个质子、8个中子和8个电子组成,氧原子就是把这3种粒子聚在一起呈束缚态。比如质子,它由3个上夸克和3个下夸克组成,质子就是把这3个上夸克粒子和3个下夸克粒子聚在一起的束缚态。照此理,电子应是光子的束缚态,电子可束缚住多个光子。如果两电子碰撞,束缚态破裂,电子内的光子仍以光的速度各自远离束缚态,此时,光子被释放了出来,灯泡被点亮,电子消失。

在这里,电子的运动来自哪里?电子应是光子的束缚态,光子是最快的运动粒子。由10多个光子在束缚态内运动,使电子成为最活跃的粒子,动力应源自内部光子的运动。如果内部光子不运动,那么电子也不应该运动,因为它已失去了内部动力。

在粒子世界里,还没有发现静止不动的粒子,也没有发现比光子更快的粒子,所以这种光子内部运动一直存在着，一旦两电子碰撞，这个无形的外力给每个光子增加了动力，光子挣脱束缚态，各自远离。电子在导线内统一移动的动力应来自电压，导线电流的压力由变压器提供，从变压器A点送出，到达用户终端B点，电流从A点流到B点，像水渠一样存在压力，电子伴随压力在移动。当到达终点路段（灯丝）时，会像水渠一样受到闸门（灯丝）的阻拦，在闸门（灯丝）处，会像水流一样发生拥挤堆积再通过闸门流出，而电子会发生碰撞，再通过灯丝流出。通过灯丝时导线内的电子已转化为光子，此时导线内的电子已失去很多。

由于材料的不同，电流中的电子在行进速度上也不同。材料一般铝制或铜制，电阻力很小。而灯丝中的钨材料电阻力很大，行进速度会很慢，像在减速路面上行驶，当快速电流经过这一减速路段时，前后电流要发生拥挤，在拥挤的过程中，前后电子会自然发生碰撞，光子产生。

2. 灯泡的亮度与光子的关系

释放光子多，辐射光子就多，灯泡的亮度就大；释放光子少，辐射光子就少，灯泡的亮度就小。这个应由灯泡内的灯丝决定。如果灯丝的直径粗，截面积就大，通过的电子就多，碰撞的电子就多，同时释放的光子就多；如果灯丝的直径细，截面积就小，通过的电子就少，碰撞的电子就少，同时释放的光子就少。（在家用白炽灯泡中，比较25W与100W灯丝的粗细，100W的灯丝直径大于25W的灯丝直径，肉眼可观察到）电子在通过灯丝的碰撞中，不可能百分之百碰撞，可能是30%、50%或80%，剩下的电子从回路中流出。这应是电灯泡的发光过程，也是电流的消耗过程。电子的碰撞过程不能直接观察到，但它应基于这样4点：

（1）房间的照亮是光子的辐射效应。

（2）辐射的光子由它的束缚态电子的破裂产生。

（3）束缚态破裂由快慢电子碰撞产生。

（4）快慢电子的速度由导线材料与灯丝材料的不同而产生。

3. 城市温度的"增加者"

光子是热的散射。在炎热的夏天，当把房间照亮后，你会有一丝丝热的感觉，虽然微不足道，至少它是温度的增加者，如果把光子聚焦，它会灼伤你的皮肤。

（1）第一盏灯（小太阳）：

如果每户装有25瓦的灯泡4只，共计100瓦。平均每日照亮3小时，每户每日用电0.3千瓦时，在用户房间内就会增加0.3千瓦时的热量供应。这个热量供应微不足道，如果把每户的灯泡热量集中起来合并成为1盏大灯泡，热量聚焦后，就会感觉到热量的存在。按中等城市500万人口100万户去计算，集中起来的热量应为30万千瓦时，如果把它合并成为1盏大灯泡挂在这座城市上空，就像一个小太阳，冬季感觉到有温暖，夏季感觉到更炎热，这是这座城市上空的第一盏灯。

（2）第二盏灯（小太阳）：

路灯照明也是一个大的用电量，从城市中心到市区边缘，在大小道路上都有路灯照亮。如果把大大小小的路灯集中起来合并成为1盏大灯泡，挂在这座城市上空，又会成为第二个小太阳，给这座城市增添了热量。

（3）第三盏灯（小太阳）：

在这座城市内，还有相配套的娱乐、饮食、超市、购物中心、商厦等，在它们内部都要安装大小不等各种各样的灯，每当夜晚灯火通明。如果把大大小小的灯集中起来，合并成为1盏大灯泡，这又是一盏挂在城市上空的大灯泡，成为第三盏灯，又像一个小太阳，又为这座城市增添了热量。

以上"三盏灯"每天晚上定时供给这座城市"热量"，应是城市增温的源头之一，这样的源头是固定的，这种热量"定时供给"，倒不如说是"热量在定时排放"，在热岛现象的热量中应有它"辐射释放"的一部分。

二、室内室外两重天

在全球变暖的气候里，冬季不冷，夏季炎热，是近年来的普遍现象，尤其是住在大城市的人们，酷热难耐，每到夏季，空调器是离不开的主要电器，它将制冷的低温补给了室内原有的高温，室内降到25摄氏度左右，使得千家万户度过了炎热的夏季。

每到夏季，是空调器发挥出最大功能的时候，也是销售旺季。它由制冷系统来完成，制冷系统是空调器的主要组成部分，它是一个完整的密封循环系统，主要部件包括压缩机、冷凝器、节流装置和蒸发器。各个部件用管道连接起来，形成一个封闭的循环系统,在系统中加入一定容量的氟利昂制冷剂来实现降温。

在炎热的夏季,它的主要功能是把室内的空气热量置换到室外。你如果住80平方米的房间面积,安装这样一台空调器,当启动运行后,会把房间热空气抽走,同时冷空气会进来,会使房间降温。在房间内,空气以体积存在,按每户房内面积80平方米高3米去计算,应是240立方米的空气体积,在这一体积中,温度假设30摄氏度,把空调器启动后,又测得室内温度25摄氏度,原有温度减去现有温度,室内温度又降低了5摄氏度。这5摄氏度的温度已被空调器置换到了室外。而在室外,原有的大气自然温度无形之中又增加了5摄氏度,与室外大气温度互融,会使大气温度增加一点点。虽然微不足道,但对大气来说它是增温的,这是由1户人家供给的。在这座城市中,这种向室外排出热量使室内降温的方式基本一样。假设这座城市居民住有100万户,应是24×10^7立方米,这是城市房间总体空间体积。当把这么多空气体积排出室外时,会对大气温度产生一定影响,可能会使温度提高1~2摄氏度或更多。在这座城市中,这种向室外排放的热量使室内降温的地方还有很多,如机关、学校、医院、大厦、超市、各餐饮业、各娱乐业、各楼堂馆所,甚至公交车上也安装了空调器。如果把它们内存的热量全部排放出室外,会对这座城市贡献出一定的温度,也许是1摄氏度、2摄氏度,或更多的温度。

由空调器排出来的热量应有这样2点:

(1)它使这座城市整体空气温度增高,这是确定的,增高多少又是不确定的。

(2)在空调器的作用下,把室内的温度全部置换为25摄氏度,从室内移到室外5摄氏度,室内为低温区,而室外接纳了室内的高温,此时的室外应为高温区,这样,这座城市在空调器的作用下把室内和室外的温差制造了出来。室内为低温区,为室内空间,室外为高温区,为室外空间,显然,室外空间要大于室内空间,它的范围可延伸到郊区,它的高温同时也会蔓延到郊区。这应是这座城市整体温度高于郊区温度的主要原因之一。

通过上面的论述可知,城市的热点源来自两个方面,第一是照明,第二是室内制冷排热。还有其他方面,如城市的建筑、城市的路面。城市的建筑可阻挡气体的流动,使风的流动缓慢或静止;城市的路面可反射阳光,把空间气体分子反复加温。

“据世界上20多个城市的调查统计,城市的年平均温度要比郊区高0.3~1.8度。”[4]

这两个主要热点源在城市居民生活中产生，是居民生活利用电能的效应。假如每家每户不使用电能，这种效应就会自然消失，可是在城市生活的人们每时每刻都需要电能，每时每刻在产生热的效应。如何把热空气移走，像空调器那样排出城外？可是这样的空调器人类还无法把它制造出来。这时会想到风，风是天然的空调器，会把热空气带走远离城市。如果热空气源源不断地产生，风也源源不断地流动，才会把热空气源源不断地带走，才会使这座城市凉风习习，凉爽宜人。那么，风儿在哪里？

三、无形的"坝"

在风的一章里，已经给出了风的动力是来自磁力线的拉动，同时也给出了气体分子具有的两面性，当气体分子受热时吸收热能呈显电性，当气体分子受冷时呈显磁性。气体分子由氮气分子和氧气分子组成，这座城市"沐浴"在气体分子中。当气体分子受冷呈显磁性时，磁力线会把氮氧分子吸引，跟随磁力线流动，气体分子的流动就是风。

在城市中流动的风可分为白天的风与晚上的风，白天的风有两种，即流动的风和不流动的风。晚上的风也有两种，一个是流动的风，另一个是不流动的风。分别论述如下。

在城市中白天处在良好的大气循环流动中，会自然形成流动的风：

当气体分子受热时，在热的作用下氮氧分子体积会膨胀，呈上升运动，上升的力小于磁力线的拉动力时，上升运动消失，整体大气呈平行运动，平流风形成，这应是这座城市有风的原因。有风是因为稠密磁力线处在正常的流动之中。

在城市中白天处在不良好的大气循环流动中，风不流动：

当气体分子受热时，在热的作用下氮氧分子体积会膨胀，呈上升运动。上升的力大于磁力线的拉动力，整体大气应呈上升运动，此时氮氧分子平行流动消失，平流风不能形成，使这座城市处在无风的状态。造成这一现象有阳光直射的原因，无风是因为磁力线处在不正常的流动之中。

在城市中晚上处在良好的大气循环流动中，有自然流动的风：

当太阳落山，阳光的照射消失，整体大气温度会下降，同时气体分子的浮力减弱或消失，上升停止，氮氧分子的体积不再膨胀，而随着大气温度的降温在逐渐地收缩，随着体积的收缩，氮氧分子下沉。随着体积的收缩，氮氧分子逐渐呈显磁性，在下沉的过程中，由磁力线把它吸引拉动，此时氮氧分子开始流动，流动后形成风。形成后的风会把冷空气带来，给这座城市带来凉意，在风源源不断流动下，会把白天聚集的热量全部给带走，与白天形成一定的温差，比如，白天为32℃，晚上为22℃，温差10℃。有了这样温差，可以缓解白天聚集的高温。白天与晚上的温度可以互补，白天增温，晚上降温，这应是自然风的效应，这应是一个良好的大气循环流动的效应，同时也是一个良好的大气循环流动的过程。

在城市中晚上处在不良好的大气循环流动中，自然风不能形成：

太阳落山，阳光的直射消失，但平流风还不能形成，或无风，磁力线不知去了哪里？不能把冷空气带来。你走在大街上，感觉不到凉风习习。造成这一现象的原因：一是大气处在高温之中，二是磁力线处在不正常的流动之中。

现对磁力线流动不正常的这一因素作一讨论：

在有热岛现象的城市中，良好的大气循环流动过程已经减弱，那么磁力线不正常的流动是否是关键？

在热岛城市的背后，是源源不断的电流进入千家万户供人们所需。电流的载体是一条条的电力线路，这一条条的电力线路就架设在城市和城市周围，当一条条的电力线路满载着电流时，就会形成一条条的电场，它把磁力线吸引缠绕在自己周围，形成磁场。这种缠绕事实是把磁力线截留，这种截留是无止境的。当导线电流吸引磁力线后，它会随着电流的流动而移动，当到达终点后，随着电流的消失而消失。等磁场消失后这些磁力线会被大地磁场吸引，成为大地磁场的一部分。在这里这条导线电场只是干扰正常流动的磁力线，然后再转移给大地磁场。这种干扰截留的结果是：正常流动的磁力线不能全部进入市区，进入市区的磁力线稀疏，使的氮氧分子气体不能全部被拉动，这样的结果会造成夜晚的温度不会降下来，与白天的温度相差无几。第二天氮氧分子又被太阳照射，这些氮氧分子在原有温度基础上会更高。在这种状态下，外围的低温气流不能补充进来，就不会形成城区内外气流的交换，城区的整体温度就不能降下来。磁力线减少的原因是受城内城外电力线路的拦截，电力线路形成了一条条无形的"坝"。这应是热岛现象的一个重要原因。

在热岛现象中，当不能形成平流风时会表现出以下4点：

（1）白天聚焦的热量（如空调置换到室外的热量和阳光照射的热量）不能被带出，全部聚集在城区。

（2）晚上太阳落山以后，城区上空没有阳光的照射，温度会下降，下降后的城区温度会使空气粒子呈显磁性下沉。这时因为磁力线减少，不能把下沉的空气粒子全部拉动，使这些未被拉动的粒子继续下沉至底层。这些粒子被地面热辐射加温而上升，地面自然又成为了一个延续的太阳，它把地面热辐射的光子又还给了这些下沉的粒子，使之上升成为上升气流（静风）的一部分。晚上温度与白天温度持平，相应的晚上整体温度与白天整体温度持平，这座城市白天与晚上整体温度相差无几。

（3）当城区内无风的时候，城外的风不能补充进来，城里与城外的冷热空气不能进行交换对流。

（4）当晚上与白天整体温度相差无几时，在白天阳光日复一日的照射下，在夜晚灯火通明的照射下，这座城市日复一日在接受着高温，热量在聚集，温度在上升，这座城市就会呈现极端高温。在炎热的夏季，可能会出现超过人体温度的高温天气，如37℃以上的温度。

以上4点是处在无风的状态下，只要有风就不会形成热岛，大气的流动是散热的关键。

如果把一条条电力线路比做一根根管道，在管道内流的是电流，再把城市比作海洋，电流在海洋里日复一日地流，年复一年地流，流进千家万户，流进机关学校，流进楼堂馆所，那么这座城市就是热（电）的海洋。应该说，城市越大，用电量越大，电的"海洋"越大，相应建立起无形的坝就越多，城市内的温度就更高。比如超大城市的温度要高于大城市的，大城市的温度要高于中等城市的，中等城市的温度要高于小城市的，小城市的温度要高于郊区的。

参考文献

[1] 初级中学课本：物理（下册）. 北京：高等教育出版社，1990：43.

[2] 陈功富. 全息宇宙. 长春: 长春出版社, 2000: 178.

[3] M.威特曼. 神奇的粒子世界. 丁亦兵译. 北京: 世界图书出版公司北方公司, 2006: 260.

[4] 中国少年儿童百科全书. 杭州: 浙江教育出版社.

第七章　雾与霾

在天空这个"大舞台"上，会展现出一幅幅各种各样的"画面"，雾与霾是其中之一。雾的画面，主要由水汽分子组成，霾的画面主要由固体粒子组成，这两组画面的"总导演"，一个应是来自天上的阳光，一个应是来自地上的磁场。先从雾开始探讨。

一、雾

"接近地面的水蒸气，遇冷凝结后，飘浮在空气中的微小水珠，这就是雾。"[1]这是新华字典给出的解释。

当飘浮在空气中的微小水珠聚集稠密下降到地表时，会把大地笼罩，能见度极低，就形成了雾，也把它看作是地表上的云，雾与云来自同一物质水蒸气。

"水蒸气在凝结成云的过程中，必须先借助于空气中的微粒形成小水滴。这些微粒的直径介于0.005至0.1微米之间，在空气中包含有大量的这样的物质，尤其是地表附近。它由英国物理学家约翰爱根发现，称为爱根核和云凝结核。""这样的微粒地表附近每立方厘米应有15万到400万个。"[2]这样的微粒被水蒸气借助成水蒸气的核。水蒸气有了这样的核，可成为一粒小水珠，成为一粒以核为中心的小水珠。水蒸气是如何借助微粒成为小水珠的？它是如何长大成为大水珠的？

二、雾的形成

1. 从小水珠到大水珠

在物质世界里，一切物质均由元素组成，一切物质粒子内部均有氢元素存在，凝结核粒子也不例外。在前面已论述了氢元素的两面性,当物质粒子处在高温环境时,电子远离核子,氢元素呈显电性;当物质粒子处在低温环境时,电子靠近核子,氢元素呈显磁性。这是由高低温度造成凝结核粒子具有了两面性。当凝结核粒子呈显磁性时,会吸引周围水蒸气分子,同时另一水蒸气分子内部也有凝结核,同样具有显磁性,也会吸引周围水蒸气分子,它们之间成为互吸关系。有了这种互吸关系,小水珠会逐渐吸引聚集成为大水珠。比如0.005微米大小直径的凝结核粒子,当它吸收水蒸气分子成为小水珠后,这枚小水珠应会大于凝结核粒子本身好多倍,从这里开始,小水珠继续吸附凝结,达0.1微米,再继续吸附凝结达1微米,再继续吸附凝结达10微米,再继续吸附凝结达20微米至50微米,再继续吸附凝结达100微米成为大水珠。这是从0.005微米大小直径的凝结核粒子开始的,这是从小到大的一个过程。

2. 凝结后的大小水珠如何从少到多

由于凝结核粒子具有显磁性,吸附凝结是它的特性。依据上面给出的最小限界尺寸,从0.005微米开始,逐渐吸附凝结到0.01微米,那么0.01微米的小水珠就多了起来。从0.01微米的小水珠开始再逐渐吸附凝结到0.1微米,那么0.1微米的小水珠就多了起来。从0.1微米的小水珠开始再逐渐吸附凝结到1微米,那么1微米的小水珠就多了起来。从1微米的小水珠开始再逐渐吸附凝结到10微米,那么10微米的稍大水珠就多了起来。从10微米的稍大水珠开始再逐渐吸附凝结到50微米,那么50微米的大水珠就多了起来。从50微米开始再逐渐吸附凝结到100微米,那么100微米的更大水珠就多了起来。

小水珠的粒径从0.005微米到1微米之间有200多种大小不等的水珠,从1微米到100微米之间,有100多种大小不等的水珠,这样大小不等的水珠加起来就有300多种。在这300多种直径大小不等的水珠里,每一种直径数量的水珠各是多少,是个未知数。假设在每立方厘米内有一种直径数量的水珠为十个或百个或千个或万个,以上300多种大小直径不等的大小水珠加在一起,在每立方厘米内有上千个或上万个或上十万个或上百万个或更多。如果依据上面给出的数字,大小水珠加在一起每立方厘米内应有15万到400万个,这应是大小水珠从少到多的一个过程,它随着小水珠的从小到大而从少到多。

3. 水蒸气的源头

"大气中的水分主要来自于海洋、湖水和河水以及湿地。""每年有大约 $89×10^{15}$ 加仑（$336×10^{15}$ 升）的海水被蒸发，而来自地表蒸发和植物蒸腾的水分则有 $17×10^{15}$ 加仑（$64×10^{15}$ 升）之多。"[3] 从中得知大气中的水蒸气应由两部分来补充供给，一部分来自海洋蒸发供给，一部分来自陆地蒸发供给，海洋和陆地成为水蒸气的两大源头。

4. 小水珠在不断地补充和凝结中

漂浮在空间的水蒸气分子是小水珠的物质来源，当从最小限界0.005微米开始逐渐吸附凝结到0.01微米时，那么0.01微米以下的小水珠就少了起来，这时候会由蒸发而来的水汽分子凝结补充进来，从0.005微米到0.01微米的小水珠又多了起来。当0.01微米的小水珠再逐渐开始吸附凝结到0.1微米时，那么0.1微米以下的小水珠就少了起来，这时候会由蒸发而来的水汽分子凝结补充进来，从0.01微米到0.1微米的小水珠又多了起来。当1微米的小水珠再逐渐开始吸附凝结到10微米时，那么10微米以下的小水珠就少了起来，这时候会由蒸发而来的水汽分子凝结补充进来，从1微米到10微米的小水珠又多了起来。漂浮在空间的水汽分子是小水珠的物质基础，它一边补充，一边凝结，水汽分子会源源不断地供给。因为两大源头在阳光的照射下会源源不断地被蒸发，蒸发多少，它会在天空吸附凝结多少，这应是凝结核粒子的自然属性。

凝结的小水珠，从0.005微米开始到10微米的稍大水珠，再到100微米更大水珠不等，大小不等的水珠在自然吸附凝结中，有的可直接下沉。

5. 大小水珠如何下沉

当小水珠粒子的直径大于10微米以上时，小水珠开始下沉，这是漂浮颗粒物给出的下沉粒径，"降尘是指大气中自然降落于地面上的颗粒物，其粒径多在10微米以上。"[4] 小水珠应轻于直径在10微米以上的颗粒物。

这时在它身上有三种力存在：一种是小水珠自身的质量产生的重力，一种是小水珠自身的显磁性产生的磁力，一种是小水珠受热体积膨胀自身增加的浮力。

在这里，先把逆温作一介绍。

逆温："辐射到地球表面的太阳辐射主要是短波辐射，地面吸收太阳辐射的同时也向空中辐射能量,这种辐射主要是长波辐射。大气吸收短波辐射的能力很弱,而吸收长波辐射的能力却极强,因此,在大气边界层内,特别是近地层内,空气温度的变化,主要是受地表长波辐射的影响。近地层空气温度是随着地面温度的增高而增高,而且是自下而上的增高。"[5]

小水珠在下沉中是自上而下,正好与逆温相反,在一定的高度下沉时,会吸收地表长波辐射的高温,小水珠体积膨胀,浮力增加,小水珠的显磁性减弱,大地磁场的吸引力下降。

(1)如果小水珠的重力加引力小于浮力时,不再下沉,应处在上升状态。

(2)如果小水珠的重力加引力等于浮力时,小水珠不会下沉处在原来的空间位置(处在静风中)。

(3)如果小水珠的重力加引力大于浮力时,这枚小水珠仍处在下沉状态。在第三种下沉状态中,应以小水珠的质量重力为主。

三、雾的形成范围与时间

由源头蒸发进入大气的水蒸气,被凝结成为无数个大小不等的小水珠,可构成各种不同的天气状况,如雨、雪、雾、霜、露等。雾与雨的水珠相比,它的粒径很小,雾的水珠经常漂浮在空间,它会时刻受到以下几种情况的影响:

(1)在白天有阳光的照射,小水珠吸收光子体积膨胀会上升。

(2)在夜晚无阳光的照射,小水珠受冷体积收缩会下沉。

(3)大地磁场的引力作用于小水珠上,会使小水珠下沉。

(4)大气的流动会把小水珠带走。

小水珠在以上这四种情况的时刻影响下,在空间可上升,可下沉,随着气流在水平方向上任意流动。

1. 雾的形成范围

雾在形成后有区域范围和一定的高度范围。当小水珠在下沉中如果气流停止流动,小水珠会停留在一定的区域范围和一定的高度范围上。区域范围:或陆地,或海洋,或乡村,或城市。高度范围:或贴近地表,或地表以上10米,或10米至50米,或50

米至100米，或更高。

雾在形成后有稠密与稀薄之分，在区域范围上和在高度范围上小水珠或稠密或稀薄。

2. 雾的形成时间

雾在形成后有时间和时间段，停留的时间或3~5小时，或5~8小时，或停留更长时间。

雾的形成往往在夜晚，停留的时间段，应从早晨到上午，从上午到中午。

在这里，对雾的形成经常在夜晚作一推测：

当太阳落山以后，天空没有了阳光的照射，水汽分子及小水珠没有了阳光的照射，大地没有了阳光的照射，一切都在降温与冷却之中。至晚上零点以后，空中及地面附近就会出现低温，天空中的气体粒子、水分子粒子、小水珠粒子的体积会受冷收缩。这时粒子会呈显出磁性，会吸引周围水蒸气分子，同时另一水蒸气分子也会吸引周围水蒸气分子，它们之间成为互吸关系。有了这种互吸关系的存在，小水珠就多了起来，这是新增加的小水珠，加上原有的小水珠，小水珠会更稠密。在这种互吸的关系下，继续吸引聚集，水汽分子会迅速凝结成为更大水珠。在夜晚，吸附凝结成的大小水珠会越来越多，越来越稠密。按粒径的大小，水珠应处在一定的区域范围和一定的高度范围，或贴近地表或海面，或10米，或50米，或100米，或更高；或陆地，或海洋；或乡村，或城市。从小雾到中雾到大雾，应是这样的一个结合形成过程。它应处在降温的过程中，如从太阳落山到黎明的这一时间段内，气温总是下降的，大小水珠是下沉的，处在缓慢流动中。

3. 雾的形成还有这样几种情况

（1）在某一区域，到了白天由于阳光照射会把低层的大小水珠蒸发到高空，但不会完全消失。如果在静风中，它不会被带走，到了晚上大小水珠又会冷却下沉，如果空气中有足够的湿度，在互吸凝结的作用下，大小水珠可能又会回到原来的稠密度，形成小雾或中雾。如果静风存在几天，可能又会形成大雾。

（2）在某一区域，如果空气中有足够的湿度，又处在强磁场区，在夜晚，水分子会互相吸附凝结成为大小水珠，被强磁场区吸引下沉，大小水珠稠密。如果处在静风或空气流动缓慢时，又会形成小雾或中雾或大雾。

（3）在某一区域，由于空气的流动，会把湿度大的空气带过来。当流经这一地区时，太阳正好落山，风儿也停止，这部分湿度大的空气分子会随着温度的下降而下沉，落到底层，随着夜间时间的延长，水分子之间会互相吸附凝结形成小水珠，小水珠之间会互相吸附凝结形成大水珠，大小水珠稠密，形成小雾或中雾或大雾。

4. 雾是如何散去的

雾的散去往往在白天。当早晨太阳从东方升起时，阳光会照射到雾中的水珠上。水珠由水分子凝结组成，水分子会吸收阳光呈显电性，同时体积膨胀，浮力增加，凝结组成的小水珠此时显磁性减弱，不能把膨胀后的水分子拉住，水分子脱离凝结核上升。小水珠由多个水分子组成，水分子同时远离，此时小水珠解体，水分子从底层又上升到高空。由于小水珠的解体，由众多小水珠组成的大水珠也同时解体，成为单个水分子。这时从底层到高层空气内水分子增多，湿度又增加，在空气内的大小水珠减少或消失。如果有风在流动，会把上升的水分子带走，远离这一区域。一般的雾早晨到中午期间就会散去。

在有的地区，当雾形成后，几天都不会散去，有这样几种原因。

（1）阴天时，阳光不能照射到大气底层，雾中的气体分子得不到阳光的照射，体积不能膨胀上升。在春秋两季，阳光斜射，雾中的气体分子处在低温，显磁性，被大地磁场吸引。

（2）由于天空无大气流动，膨胀的水汽分子上升后白天不能带走，到了晚上水汽分子的体积冷缩后又落回原地。

（3）大于10微米以上的小水珠仍在不断地下沉，在逆温的作用下，小水珠体积膨胀，又会上升，在不断的下沉和上升中，总保持着雾的状态。

（4）静风：

①由阳光直射造成的静风。在雾的周边区域及区域以外，如果有阳光的直射，会使空气分子吸纳更多的光子，气体分子体积膨胀后会垂直上升，在雾的周边区域上空，空气无水平流动，处在静风中。

②由拦截磁力线产生的静风。雾的区域，正好处在电力线路最密集地区，磁力线被拦截，空气也不能流动，静风最易发生。

③由热岛效应产生的静风。热岛的形成，一是电灯的使用散发光和热，二是空

调的使用散发热。二者热量的结合增加了这一区域天空的温度，使得这座城市的上空气体分子受热会上升，造成静风，这应是热岛的效应。

四、霾

霾："阴霾，空气中因悬浮着大量的烟、尘等微粒而形成的混浊现象。"[6]这是新华字典给出的解释。

"空气中的灰尘、硫酸、硝酸、有机碳氢化合物等离子能使大气混浊，视野模糊，并导致能见度恶化。如果水平能见度小于10000米时，将这种非水成物组成的气溶胶系统造成的视程障碍称为霾。一般相对湿度小于80%时，大气混浊，视野模糊，导致能见度恶化，就是由霾引起的。"同时还指出："霾作为一种自然现象，其形成有三方面因素，一是水平方向静风现象增多，二是垂直方向逆温现象，三是悬浮颗粒物增多。近年来，随着工业的发展，城市中污染物和悬浮物增加，导致能见度降低。霾的形成与污染物排放密切相关，例如，机动车尾气和其他烟气排放源排出的微米级细小颗粒物，在逆温静风等不利于扩散的天气时，就形成霾。"[7]

五、形成霾的物质基础

在天空，氮气占78%，氧气占21%，其他气体占1%。这三种气体中，氮气的比例是最大的，但对人体是无害的。氧气占21%，它是维持生命的重要物质，人体在几天内可离开食物和水，但一刻也不能离开氧气。其他气体占1%，比例很小，不会伤害到人体，这应是一片纯净的蓝天。由于霾的出现，这片蓝天已不再纯净，氮氧分子有了新的"伙伴"，它们是如何进入天空，成为蓝天里的"常客"呢？

它们由两部分组成，一部分由天然源进入天空，一部分由人为源进入天空。由于进入天空中的颗粒物对人体有害，污染了蓝天，被科学界定义为污染物。这两大部分又称为天然污染源和人为污染源。

1. 天然污染源

"天然污染源是由自然灾害造成的，如火山爆发喷出的大量火山灰、二氧化硫，有机物分解产生的碳、氮和硫的化合物,森林火灾产生的大量二氧化硫、二氧化氮、二氧化碳和碳氢化合物,大风刮起的沙土以及散布于空气中的细菌、花粉等。天然污染源目前还不能控制,但是它所造成的污染是局部的、暂时的,通常在大气污染中起次要作用。"

2. 人为污染源(它分为以下几个部分)

(1)生活污染源:"人们由于烧饭、沐浴等生活上的需要,燃烧煤、油,向大气排放污染物所造成的大气污染的污染源,称为生活污染源。生活污染源是一种排放量大、分布广、危害性不容忽视的空气污染源。"

(2)工业污染源:"工业污染源包括燃料燃烧排放的污染物,生产过程中的排气以及各类物质的粉尘,是一类污染物排放量大、种类多、排放比较集中的污染源。随着工业的迅速发展,工矿企业排放污染物的种类和数量日益增加。"

(3)交通污染源:"交通污染源是由汽车、飞机、火车及船舶等交通工具排放尾气造成的,主要原因是汽油、柴油等燃料的燃烧而形成的。"汽车尾气已逐渐成为大气污染的主要污染源之一,目前全世界的汽车已超过2亿辆,一年内排出一氧化碳近2亿吨、铅40万吨、碳氢化合物5000万吨。

按污染源存在的形式划分以下两种:

(1)固定污染源:"指排放污染物的装置位置固定,如工矿企业的排烟囱、民用炉灶等。"

(2)移动污染源:"指排放污染物的装置处于移动状态,如汽车、火车、轮船、飞机等。"

按污染源的排放方式划分为以下三种:

(1)点污染源:"指一个烟囱或几个相距很近的固定污染源,其排放的污染源只构成小范围的大气污染。"

(2)线污染源:"指汽车、火车、轮船、飞机在公路、铁路、河流和航空线附近构成的大气污染。"

(2)面污染源:"指在一个大城市或工业区,工业生产烟囱和交通运输工具排出的废气,构成较大范围的空气污染。"

按污染源形成过程的不同划分以下两种:

一次污染源："指直接向大气排放一次污染物的设施。"

二次污染源："指可产生二次污染物的发生源。二次污染物是指不稳定的一次污染物与空气中原有成分发生反应，或污染物之间相互反应，生成一系列新的污染物质。"[8]

书中知识告诉我们，蓝天里的污染粒子应来自天然产生的物质粒子和人为产生的物质粒子，这样悬浮颗粒物有了源头，造成了今天蓝天的不纯净。

六、霾物质的自然属性

当悬浮颗粒物进入蓝天后，会有怎样的自然属性呢？

1. 扩散稀释性

它从源头进入天空后会扩散，一边扩散一边稀释，扩散的过程，也是稀释的过程。颗粒物的浓度刚开始可能从100%稀释到80%，再稀释到50%，再稀释到30%，再稀释到10%，再稀释到1%，或稀释到1%以下，浓度是从高到低。有了这样一个从扩散到稀释的过程，与氮氧分子（大气）混合在一起后，颗粒物在大气内的浓度或呈稠密，或呈稀薄，这是扩散稀释性。

2. 吸附聚集性

它有很重要的吸附聚集性。它与氮氧分子一样，同样会受到阳光的照射，粒子在受热时，体积会膨胀，膨胀以后会上升。膨胀以后它与氮氧分子一样，同样具有显电性的自然属性。夜晚，不再受到阳光的照射，粒子受冷时体积会收缩，收缩以后会下降。它与氮氧分子一样，同样具有显磁性的自然属性，悬浮颗粒物同样具有两面性。

当悬浮颗粒物进入蓝天后，它是如何聚集？现作一推测：

由两大污染源进入天空中的悬浮颗粒物，它们的粒径会有大有小，在夜晚，粒子受冷显磁性时，大粒径的粒子应该磁性大，小粒径的粒子应该磁性小，大粒径的粒子应会把小粒径的粒子吸引过来，吸附在大粒径的粒子身上，成为大粒径的一部分。这是低温下的吸附，不会改变各自的成分和结构，只是聚集在一起，成为大粒子。这种大粒子在夜晚聚集后，显磁性应会更强，应该会越聚越多。针对白天而言，夜晚的温度要比白天低,午夜后的温度要比午夜前的低。随着温度逐渐下降,粒子的体积逐渐缩小,而磁性逐渐增强,在黎明的时间段内,应是粒子显磁性最强的时间段,也应是大小粒子互相吸引最强的时间段,在这一时间段内,微粒的直径从最小限界0.01微米开始逐渐吸附聚集到0.1微米大小,"这个最小限界是治理大气污染而涉及的颗粒直径"。[9]再从0.1微米逐渐吸附聚集到2.5微米大小,再从2.5微米逐渐吸附聚集到10微米大小,再从10微米逐渐吸附聚集到50微米大小,再从50微米逐渐吸附聚集到100微米大小。悬浮颗粒物已经吸附聚集了大小不同直径的颗粒,它的粒径从0.01微米到1微米之间有100多种直径尺寸,再从1微米到100微米之间,同样有100种直径尺寸。随着悬浮颗粒物不断吸附和聚集,粒径大小的各种尺寸也在不断增多,这应是粒子如何聚集的一个过程,也应是粒子如何长大的一个过程。

3. 粒子从少到多性

由于粒子具有显磁性,吸附聚集是它的特性,从最小限界0.01微米开始逐渐吸附聚集到0.02微米,那么0.02微米的粒子就多了起来。从0.02微米的粒子再逐渐开始吸附聚集到0.1微米,那么0.1微米的粒子就多了起来。从0.1微米的粒子再逐渐开始吸附聚集到1微米,那么1微米的粒子就多了起来。从1微米的粒子再逐渐开始吸附聚集到2.5微米,那么2.5微米的粒子就多了起来。从2.5微米的粒子再逐渐开始吸附聚集到10微米,那么10微米的粒子就多了起来。从10微米的粒子再逐渐开始吸附聚集到50微米的粒子,那么50微米的粒子就多了起来。从50微米逐渐吸附聚集到100微米的粒子,那么100微米的粒子就多了起来。粒径从0.01微米到1微米之间有大小不等的粒子,从1微米到100微米之间有大小不等的粒子,这样两种大小不等的粒子加起来就有200多种。在这200多种大小不等的粒子里,每种直径尺寸含有多少数量?假如在每立方厘米内有10个或百个或千个,把这200多种大小不等的粒子加在一起,依据上面书中给出的数字,应是每立方厘米15万个到400万个。这应是粒子从少到多的一个过程。

4. 粒子的不断补充供给性

粒子既有聚集性,同时还有补充性。应由两部分粒子来补充供给:一部分应来自0.01微米以上级粒子,一部分应来自0.01微米以下级粒子。一部分由0.01微米以上级粒子供给:

从最小限界0.01微米开始逐渐吸附聚集到0.02微米时，0.01微米的粒子就少了起来，从0.02微米的粒子再逐渐开始吸附聚集到0.03微米时，0.02微米的粒子就少了起来，从0.03微米的粒子再逐渐开始吸附聚集到0.04微米时，0.03微米的粒子就少了起来。它们可得到补充：天然污染源和人为污染源定时或不定时地向天空排放微粒物质，大部分漂浮在空间，少部分成为降尘落在地面。漂浮在空间的微粒物质应是0.01微米粒子的物质来源，也是0.01微米粒子的物质基础，它会源源不断地得到供给，因为两大污染源在源源不断地排放，排放多少，它会吸附聚集多少，这是粒子的特性。排放的微粒物质从0.01微米粒子到10微米粒子，再到100微米粒子，大小不等，大小不等的粒子一直在自然吸附聚集，在自然吸附聚集中有的可直接下沉。

另一部分由0.01微米以下级粒子供给：

在"雾"的内容中写道："水蒸气在凝结成云的过程中，必须先借助于空气中的微粒形成小水滴。这些微粒的直径介于0.005至0.1微米之间，在空气中包含有大量的这样的物质，尤其是地表附近。它由英国物理学家约翰爱根发现，称为爱根核和云凝结核。这样的微粒在地表附近每立方厘米应有15万到400万个。"[10]以上给出了凝结核粒子的大小，又给出了每立方厘米内粒子的数量。凝结核粒子的粒径最小为0.005微米，限界粒子的粒径最小为0.01微米，限界粒子的粒径是凝结核粒子粒径的2倍，限界粒子0.01微米的粒径应从凝结核粒子0.005微米至0.1微米之间而来。由于粒子的特性。同样是自然吸附聚集到达0.01微米，凝结核粒子的数量是每立方厘米15万到400万个，限界粒子0.01微米就在这个数量之中产生。

在上述推测中，有这样五点：

一是这种吸附聚集从小到大，不分"民族"，只要每个粒子身上具有显磁性，就可结合在一起，成为大粒子。

二是两粒子是互相吸引的，但以显磁性大的粒子为中心。

三是每个显磁性粒子都可成为凝结核粒子。

四是当聚集粒子直径达到100微米或100微米以上时，在这枚粒子身上已经历过三次或四次或更多次的吸附聚集，甚至经历过无数次的吸附聚集这应是显磁性粒子的性质。

五是粒子在这种性质下，在经过三次或四次或更多次的吸附聚集，可能成为三层或四层的吸附聚集粒子,甚至成为更多层的吸附聚集粒子。如果把每个吸附聚集粒子一个个切开,很可能是像葱头一样的层状物。

在这个"民族"大聚集中,包括哪些有害粒子呢? 如上面所说,有天然污染物质粒子,如火山爆发喷出的大量火山灰和二氧化硫,有机物分解产生的碳、氮和硫的化合物;森林火灾产生的大量二氧化硫、二氧化氮、二氧化碳和碳氢化合物,大风刮起的沙土以及散布于空气中的细菌、花粉粒子等;还有人为污染物质粒子,如煤尘、粉尘、碳氧化物、硫氧化物、氮氧化物、光化学烟雾、氯氟烃化合物(氟利昂)、有毒重金属(铅、铬、镉、锌、砷、汞)放射性尘埃等。

七、霾的形成过程

由于有了霾物质的源头基础,又有了霾物质的自然属性,霾的形成已经具备,它应有以下五个步骤来完成。

第一步:由源头扩散到稀释。

第二步:由吸附到聚集。

第三步:吸附聚集后,存在两种状态,一是以片的范围漂浮,二是同时会受到三种力的牵制。

第四步:粒子下沉、上升或停留。

第五步:静风。

下面对以上五个步骤分别给以叙述。

1. 第一步: 由源头扩散到稀释

它有这样3种状态存在:

(1)当某一排放源向天空排放物质粒子时,把这一区域称为源头区域。当排放源开始以浓度为100%向天空排放物质粒子时,会自然地扩散开来。首先源头区域扩散被污染,扩散后,含有100%的浓度被稀释,在源头区域范围浓度会下降。假设浓度已下降为80%~50%,这时大气在运动,风在流动,在风的流动下,会把80%至50%浓度的物质粒子带走。在流动中物质粒子会被扩散和稀释,如果风这样一直流动下去,会继续扩散和稀释下去,会把污染浓度降低到最低或到零,这是最理想的空气状态。

（2）当某一排放源向天空排放物质粒子时，开始以浓度为100%向天空排放物质粒子，然后会自然地扩散开来。假设浓度稀释已下降为50%时，大气水平运动缓慢，风的流动缓慢，物质粒子范围扩大缓慢，浓度下降缓慢。假设污染浓度下降为40%至20%，应为不理想空气状态。

（3）当某一排放源向天空排放物质粒子时，开始以浓度为100%向天空排放物质粒子，然后会自然地扩散开来。假设浓度稀释已下降为50%时，大气呈垂直运动，处在静风的状态，物质粒子范围不再扩大，这时浓度不再被稀释，污染浓度不在下降，仍处在50%左右，这应为最不理想空气状态。

有了上面这样3种状态，颗粒物在大气内的污染浓度就表现出：或呈污染浓度为零到稀薄，或呈污染浓度稀薄到稠密，或呈污染浓度完全稠密等。

2. 第二步: 由吸附到聚集

微小的粒子经过多次的吸附到聚集，成为大粒子。这些微小的粒子是由源头排放进入到大气的，被大气扩散到稀释，粒子长期漂浮在空间，是被不断吸附聚集的。由于源头源源不断地排放粒子，又由于粒子源源不断地吸附聚集，一边释放，一边聚集，日积月累，使空间粒子稠密。这样长期下去，又会从1%浓度，再回到10%浓度，再回到50%的污染浓度，或者再回到80%以上浓度，甚至接近扩散前的污染浓度。这是粒子吸附聚集效应，污染浓度又从低到高，这是霾形成的第二步。有了这第二步，霾才真正有了物质基础。

物质基础是建立在以下几条之上：

（1）有原来粒子，比如0.005微米至0.01微米粒子。（这里也应有污染源排放的更小粒子）

（2）有源源不断的污染源排放粒子，从0.01微米粒子到10微米粒子，从10微米粒子到100微米粒子。

（3）原来粒子加上排放粒子，这两种粒子会长久徘徊存在于空间，不会消失。在地面排放多少，在天空就会存在多少。它们之间可吸附聚集，可转换结合，可漂浮，可上升，可下降，随风可远行。当它的粒径小于10微米以下时，漂浮在空间，会等上几天，或几个月，或几年，等待吸附别的粒子，或被别的粒子所吸附，最终成为大粒子,这种大粒子把它切开,可能像葱头一样,成为多层或更多层粒子,或落入地面,或贴近地面,或在空间某一高度或更高的地方。

3. 第三步: 吸附聚集后, 存在两种状态, 一是以片的范围漂浮, 二是同时会受到三种力的牵制

(1)以片的范围漂浮。

①来自源头的颗粒物与大气混合在一起后,应以片的范围漂浮在大气空间。当颗粒物与氮氧分子混合在一起时占有一定的比例,占有1%到5%或10%或更多时,应称它为"片的范围"。片的范围应有大有小,或东一片,或西一片,或南一片,或北一片。

②混合后的漂浮颗粒物在"片的范围"内应离地面有高有低。

(2)同时会受到三种力的牵制。

①会受到高低温度的牵制,或上升,或下沉。

②会受到风的牵制,一会儿东,一会儿西,一会儿南,一会儿北。

③会受到大地磁场引力的牵制,它与氮氧分子一起,始终被大地磁场引力吸引。

4. 第四步: 粒子下沉、上升或停留

当粒子的直径大于10微米时,粒子开始下沉,这时在它身上有3种力存在:一种是粒子自身的质量产生的重力,一种是粒子自身的显磁性产生的磁力,一种是粒子受热体积膨胀自身增加的浮力。

(1)粒子处在上升状态。

粒子在下沉中是自上而下,正好与逆温相反。在一定的高度,粒子会吸收地表长波辐射的高温,体积膨胀,浮力增加,显磁性减弱,大地磁场的吸引力下降。此时如果粒子的重力加引力小于浮力时,处在上升状态。

(2)粒子处在停留状态。

粒子在下沉中是自上而下,正好与逆温相反。在一定的高度,粒子会吸收地表长波辐射的高温,体积膨胀,浮力增加,显磁性减弱,大地磁场的吸引力下降。此时如果粒子的重力加引力等于浮力时,处在原来的空间位置。

(3)粒子处在下沉状态。

粒子在下沉中是自上而下,正好与逆温相反。在一定的高度,粒子会吸收地表长

波辐射的高温,体积膨胀,浮力增加,显磁性减弱,大地磁场对粒子的吸引力下降。此时如果粒子的重力加引力大于浮力时,处在下沉状态。在下沉状态中,应以粒子的质量重力为主。

5. 第五步: 静风

空气水平流动形成风,空气无水平流动形成静风。大气处在静风中,从微观上去观察,每个气体分子不是静止的,而在宏观上观察,大气是不流动的,是静止的。那么静风发生的原因是什么? 应有这样四点:

(1)由阳光直射造成静风。

在某一区域天空,由于阳光的直射,会使空气分子吸纳更多的光子,气体分子体积膨胀后会垂直上升。在这一区域天空,大气无水平流动,处在静风中。

①如一省或数省地区天空整体温度增高,气体分子整体体积膨胀上升,大气无水平流动,形成静风。

②如一省或某一地区天空整体温度增高,气体分子整体体积膨胀上升,大气无水平流动,形成静风。

③某一局部地区,如一座城市和周边区域天空温度增高,气体分子整体体积膨胀上升,大气无水平流动,形成静风。

以上静风由阳光产生。

(2)由拦截磁力线产生静风。

北半球是人口居住最稠密地区,是工业、农业和城市建设最发达地区,也是交流电最普及,用电量最大的地区,同时也是电力线路架设最多的地区。每一条线路,就是一条电的河流,当电从这条线路流过时,自然会有电场形成,这时这条线路已成为了整条电场。在这条电场身上,就自然会有磁场产生,这时这条线路又转变形成了整条磁场。这个磁场由磁力线组成,磁力线是整体地磁场的一部分,是地球两极磁场互动的物质,而空气的流动正是被它带动的。现在磁力线被拦截,空气也不能流动,在电力线路最密集地区,应是静风最易发生的地区。这是静风产生的又一原因。

(3)由热岛效应产生静风。

热岛的形成,一是使用电灯,散发光和热;二是使用空调,散发热。二者热量的结合增加了这一区域天空的温度,使得这座城市的上空气体分子受热上升,造成静风。

(4)从局部静风到整体静风。

如果这座城市所散发的光和热,能使这座城市上空增温,造成静风,那么,其他城市也有同样的效应,把这座城市与周边连接起来,这应是局部地区的静风范围;把一座城市和另一座城市连接起来,这应是一省或某一地区静风形成的范围;把每座城市都连接起来,这应是一省或数省地区静风形成的范围。

以上1至3点应是静风产生的直接原因,第4点是静风的范围大小。

八、打开雾霾之锁

每当雾霾形成笼罩在某一地区时,会给这一地区的人们带来不便。当能见度极低,在公路上不能行驶汽车时,公路交通指挥中心会下达封闭道路的指令。在机场的跑道上不能起降飞机时,机场指挥中心会下达封闭机场的指令。在雾霾的笼罩下,大气内可吸入颗粒物增多,会给人体的肺部带来伤害,地方气象预报中心会及时提醒人们在出行时要戴上口罩或不要外出等。雾与霾像一把"无形的大锁",把人们锁定在它的范围之内。

雾往往伴随着霾,霾又往往伴随着雾。雾由水分子借助于凝结核粒子凝结而形成,霾由凝结核粒子本身开始吸附聚集而形成,同为粒径大小不等的爱根核粒子所生,应为"同祖同宗双胞胎",所以形影不离。如何打开雾霾之锁,解除这一现象呢?

雾与霾的形成有这样几个共同条件:

(1)处在静风下。

(2)在强磁场区。

(3)漂浮颗粒物在空间要有一定时间的滞留。

(4)小水珠和颗粒物已有过多次(两次、三次或更多次)的结合过程。

(5)在下沉的粒子中都会被地面热辐射,有的会上升,同时,粒径大的粒子会继续下沉。这样有上升有下沉,才能保持雾霾发生后的状态,这是一种情况。

（6）当雾霾形成后，处在静风下，才能保持雾霾发生后的状态，这又是一种情况。

针对第2条作一论述：

强磁场区的形成有这样两点：一是先天性强磁场区，二是后天性强磁场区。先天性强磁场区是自然形成的，是随着地球的长大而形成的，在这里主要论述后天性强磁场区。

（1）后天性强磁场区：

在密集的电力线路下，有大地磁场，当电力线路截留磁力线形成磁场时，大地磁场会把线路磁场内的磁力线吸引过来，成为大地磁场的一部分，电力线路把空间磁力线截留，又转移给大地磁场，磁力线由空间进入地下。如果这一过程持续下去，会使大地磁场逐渐增强，久而久之，大地磁场成为强磁场区，这是后天性强磁场区的形成过程。

在一千万到两千万人口的超大城市，是用电量最大最集中地区，依据上面的论述，有两千万人口居住的超大城市，应是最易形成强磁场的地区。

（2）强磁场区有这样的功能：

在强磁场区，小水珠和漂浮颗粒物呈显磁性时，很容易会把天空中的小水珠和漂浮颗粒物吸引拉近，导致形成雾与霾。

（3）电力线路具有这样三种功能：

电力线路截留磁力线形成磁场，在夜晚低温下，小水珠和漂浮颗粒物呈显磁性时，电力线路磁场会把它们吸引拉近，电力线路周围会稠密。电力线路密集时，如果处在静风中，随时可能形成雾霾。电力线路已具有了三种功能：

①吸附小水珠和漂浮颗粒物的功能。

②拦截磁力线的功能。

③产生静风的功能。

在这条电力线路身上，已具有了这三种功能。在超大城市（如有两千万人口区域），是电力线路最密集地区，依据上面的论述，超大城市是最具有这样三个功能的地区。

（4）城市强磁场区与拦截电力线路区域之间的关系：

在城市内外，是电力线路架设最密集地区，是后天性强磁场区形成最快的地区，这样的地区，是吸引力最大地区，它随时会把天空中的小水珠吸引下来形成雾，同时它随时又会把天空中的颗粒物吸引下来形成霾。而在城市外围，也是电力线路架设最密集地区，它随时把水平流动的气流阻挡在外，使其不能流进城内，在城内吸引聚集的雾和霾也不能被带走。如果长时间的没有风的流动，雾和霾会久久地停留在这座城市的底层。密集的电力线路像"无形的网"，把这座城市包围，形成"网箱结构"，雾和霾的颗粒物就是网箱中被养大的"鱼"。

1. 雾霾天气总是发生在超大城市

第一点：

①易形成强磁场区。

②吸附小水珠和漂浮颗粒物的功能最大。

③拦截磁力线的功能最大。

④最易产生静风。

大城市已具备了以上4个条件。

第二点：

漂浮颗粒物总是与湿度大的空气在一起，以片状的范围漂浮在空间，在风的作用下，可漂浮到任意地方。如漂浮到超大城市上空时，会被地面强磁场吸引，会把这片漂浮物吸引拉近。如在没有风的情况下，会把这片漂浮物留在天空。当到了夜晚，随着降温，地磁场加强，水汽分子和颗粒物显磁性增强，地磁场会把这片漂浮物吸引拉近到底层，形成雾和霾。

有了以上两点，雾霾天气总是发生在超大城市。

雾与霾这一自然现象，自古以来一直与人类相伴，没有"暴"的一面，它应与雨雪同龄。雨雪天气自古以来一直与人类相伴，但它有"暴"的一面，发起"脾气"来可出现暴雨暴雪天气，由于频繁的出现，自古以来人类一直与它抗争不断。如今雾与霾"暴"的一面也频繁地发生，在10米的距离内看不见对面，如远隔千里，成为"暴雾暴霾"，进入到灾的行列。这是为什么？

自从工业革命以来，生产由手工作坊到半机械化，再到机械化，把手工劳动力生产全部解放了出来，成为了机械化生产。自从电的发明用于生产，从机械化生产到半自动化生产,到今天的全自动化生产,电能的利用排在了首位。或许有一天,由于电能得以开发和利用,加上先进的科学技术,可对大自然作一个有益的尝试。比如被蒸发上天空的水蒸气可不可以人为地再分配:当地面干旱发生时,把水蒸气集中起来再分配降落到地面,以缓解旱情;比如某一地区发生暴雨时,把暴雨云团及时分配到另一干旱地区,以缓解洪涝,像城市中的供水系统那样,可供给每一户。这是人类的一个美好的愿望,目前对电能的利用还不能去解决这样的问题。那么电能的利用对大自然有没有负面影响呢?对电能的需求很可能走向了它的对立面,比如雾与霾,影响和左右了它的自然形成过程,促使它的形成过程频繁、稠密和迅速,成为了雾霾快速形成的助推器。如何解决这一现象?如何打开雾霾这把锁?如果以上论述是正确的,那么就先从电力线路的改造开始,建议如下。

2. 如何屏蔽电力导线电场

(1)每架设一条线路,就是一条电的"河流",当电从这条河流流过时,自然会有电场形成,这时这条线路已成为了整条电场,在整条电场身上,就自然有磁场产生,这时这条线路又转变形成了整条磁场。这个磁场由磁力线组成,磁力线是整体地磁场的一部分,是地球两极磁场互动的物质,而空气的流动正是被它带动的。基于这一推测,应首先把电流导线电场屏蔽,屏蔽的目的很明确,就是不能让导线磁场发生。在通往城市的输电线路上,导线往往是裸露的,是不被包裹的。现在出现了新的情况已涉及人类的生存,弊大于利,因此一定要把它包裹。这层"衣裳"有这样一种功能:可屏蔽电流的磁效应,对直线电流而言,不再有磁力线环绕电流的闭合曲线,在这根直导线外围的平面内,不再出现一系列同心圆。包裹材料的选择:一是经济,二是要达到导线电场完全被屏蔽。

(2)从城市内到城市外,每条电流导线电场要达到完全屏蔽,从郊区到农村,每条电流导线电场要达到完全屏蔽。电力线路敷设的形式,可走空中,可进入地下。

以上两条的目的如下:

(1)打通城市风道。

至此,每条电力导线已变成无磁场电力导线,不再去拦截空间磁力线,也不供给地下磁场,不再去吸引以片状形式存在的空间漂浮颗粒物,从而使大气流动畅通,这时,这座城市的风道已经打开。

（2）扩大城市风道。

从超大城市到友邻城市，每条电流导线电场要达到完全屏蔽；从一省到数省，每条电流导线电场要达到完全屏蔽；从数省到全国，每条电流导线电场要达到完全屏蔽。至此，天空的风道已经完全打通，天空漂浮颗粒物在风的带动下可扩散到达海洋，可扩散到达极地，到达全球，使漂浮颗粒物从稠密到稀薄到消失。

可采取临时补救措施：在电力线路未改造前，可建议尝试做好这样一件事情，即拉闸限电。从超大城市到友邻城市，可限制一定的用电量，比如在雾霾频繁发生的季节，从午夜零点到早晨6点，停电6小时，做好这一事情的目的是使风道畅通，不使天空漂浮的颗粒物滞留。

打通城市风道到扩大城市风道，是针对空气的流动而言，它至关重要，类似于河运，航道畅通，货物不会积压和滞留一样。

在治理雾霾这一自然现象中，世界各国都在努力中，有的成效显著，比如英国在治理伦敦市雾霾这一事件中是成功的。为什么会成功？

在空气正常的平行流动中，把伦敦上空大气流动的流走量比作1。

①当排入大气中的颗粒物大于1时，会聚积得比较稠密，容易形成雾霾。对这一点的解释是：如果伦敦上空的空气处在不正常的平行流动中，比如有上升的气体流，平行流走的空气量应小于正常流走的空气量，部分上升的气体流会带着颗粒物上升，在上升中扩散。如果这部分上升的气体流是常态，或者是源源不断，那么随着空气上升的颗粒物也是源源不断，上升到空间的颗粒物会扩散。扩散后的颗粒物会稠密，会把阳光遮挡，这时可认为是雾霾的天气。

②当排入大气中的颗粒物等于1时，排入与平行流走量相等，排入多少，会被大气的流走量带走多少，此时天空不会出现雾霾。

③当排入大气中的颗粒物小于1时，这时空气平行的流走量是大于颗粒物的排放量，流走量会把颗粒物完全带走，应为晴朗天气。

在这里，空气正常的平行流动起主要作用，它与各国所处的地理位置有关。比如英国，它四面环海，周围地下磁场被海水层屏蔽，对空气的引力作用要小于陆地，空气流动畅通，对空气流动的干扰只是电力线路、有害气体以及污染物等。如果严格控制在本国的标准范围内排放，电力线路的干扰不会产生雾霾，天空仍然是晴朗的。

假如是内陆国家，地下磁场无海水的屏蔽，空气是被吸引的，流动是不畅通的，再加上电力线路的干扰，空气的流动受到地下和地上的双重干扰。地磁场对大气的干扰人类无法排除，只有对电力线路的干扰进行排除，那么内陆国家治理雾霾这一自然现象，要比岛国困难得多。如果按照伦敦治理模式来治理雾霾，只治理了三分之一，应是对有害气体和污染物的治理。剩下三分之二，一个是对地磁场的治理，另一个是对电力线路的治理。对内陆城市而言，既要进行有害气体的治理，还要进行电力线路的治理，如果做到这两点时，雾霾应会远离这座城市。

参考文献

[1] 新华字典. 北京: 商务印书馆.

[2] 迈克尔·阿拉贝. 气候变化. 马晶译. 上海: 上海科学技术文献出版社, 2006: 132, 31~32.

[3] 同[2].

[4] 刘清, 招国栋, 赵由才大气污染防治: 共享一片蓝天. 北京: 冶金工业出版社, 2012: 76, 45.

[5] 同[4].

[6] 新华字典. 北京: 商务印书馆.

[7] 刘清, 招国栋, 赵由才大气污染防治: 共享一片蓝天. 北京: 冶金工业出版社, 2012: 9~11, 88.

[8] 同[7].

[9] 同[7].

[10] 迈克尔·阿拉贝. 气候变化. 马晶译. 上海: 上海科学技术文献出版社, 2006: 130~132.

第八章　温室效应

　　"太阳短波辐射可以透过大气射入地面,而地球表面增暖后向外放出的长波辐射却被大气中的二氧化碳等物质吸收,这样就使地球表面与低层大气温度增高,产生大气变暖的效应。因其作用类似于栽培农作物的温室,而大气中的二氧化碳就像一层厚厚的玻璃,使地球变成一个大暖房,故名温室效应。" [1]

　　"温室效应"一词由法国科学家吉思—巴茨特·傅立叶在1822年首先提出。他在《热的分析理论》一书中指出:"地球大气层就像温室的窗玻璃一样,太阳辐射进入大气层没有受到任何阻碍,但大气层却对来自地面的辐射有保留和阻碍作用。"

　　"爱尔兰物理学家约翰·廷德尔(1820—1893)通过对地表红外线辐射的研究发现:虽然氧气、氮气和氢气是透光的,对红外线辐射不起阻碍作用,但水蒸气、二氧化碳和臭氧则是不透光的,对红外线辐射有阻碍作用。"在《气候变化》一书中,迈克尔补充道:"窗玻璃只能使太阳的短波辐射进入温室中,而长波的红外线辐射则无法全部进入。而且温室里温度真正高的原因不是里面的热空气出不去,而是外面的冷空气无法进入,产生温室效应的气体被称为温室气体。" [2]

　　温室气体:"二氧化碳、甲烷、一氧化二氮、碳氢化合物、氯氟碳化合物和臭氧等。" [3]

　　从上面的知识中得知,大气中存在的微量气体元素可成为温室气体,这些温室气体是构建暖房的"建筑材料",这些材料具备随时可建造成暖房用的"玻璃",或蔬菜大棚用的"塑料薄膜",在广阔的天空,随时随地可形成温室。

一、温室气体有这样几种运动状态形式存在

　　排放后的温室气体会在广大空间以各种各样的自然形式表现出来,它们应是这

样几种:

1. 温室气体从上升到停止

这些温室气体,由源头排放时每个分子自身具有热量,体积是膨胀的,又具有上升力,进入到大气层,同时又会受到地面长波的热辐射,二氧化碳、甲烷、一氧化二氮更喜欢吸收这样的长波热辐射,吸收长波辐射后体积更加膨胀上升。由于上升时随着高度的增加,温度会逐渐地下降,在一定的高度上,下降的温度不再使温室气体分子体积膨胀,此时上升停止。

2. 温室气体范围形成

这些温室气体分子在停止的高度上,温度会低于底层,应有最弱微风(平流风)出现,微风会带动温室气体流动,继续扩散(温室气体在上升的过程中应已扩散),扩散后的温室气体就有了一定"片的范围"。在这个片的范围,温室气体与氮氧分子混合在一起时占有一定的比例。

3. 温室气体范围扩大

扩散后的温室气体有了一定"片的范围",在这"片的范围"基础上,如果有源头排放补充,温室气体"片的范围"会扩大,或者是"片的范围"会越来越大。

4. 温室气体的稀薄度发生变化

(1)温室气体随着微风的流动在继续扩散,在源头排放量少的情况下,在风的流动下,在"片的范围"上温室气体会越来越稀薄。

(2)温室气体在"片的范围"上,在强风的流动下,扩散的范围会越来越大,虽然有源头大量的排放和补充,强风会把温室气体刮得越来越稀薄。

5. 温室气体的稠密度

(1)扩散后的温室气体在"片的范围"内,如果源头有排放补充,在没有风的情况下,会使这一"片的范围"温室气体增加,温室气体稠密。

(2)扩散后的温室气体在"片的范围"内,如果源头有少量的排放和补充,在弱风的流动下,温室气体可能会稠密。

(3)温室气体在"片的范围"内,在弱风的流动下,源头有大量的排放和补充,温室气体会更稠密。

(4)扩散后的温室气体在"片的范围"内,如果与另一扩散后的温室气体在"片的范围"上相遇容合在一起时, 温室气体会稠密。

6. 温室气体处在消失中

温室气体在排放后的时间段内不再排放, 随着风的流动在扩散, 温室气体会越来越稀薄, 在风的继续流动下,"片的范围"消失。

温室气体可从稀薄到稠密再到消失, 可能还存在着多种状态形式, 而此时风的流动至关重要。

二、大气有这样几种流动状态存在

1. 大气流动是正常的

大气在自然的流动中有两种力存在, 一种是气压梯度力, 靠气压差使大气流动; 一种是磁力线拉动力存在, 靠磁力线的引力吸引使大气流动。二者存在一种, 大气流动是正常的; 二者互补, 大气流动是持续的。

2. 大气流动是缓慢的

当气压梯度力减弱, 或磁力线的拉动力减弱, 或者二者都在减弱, 大气流动是缓慢的。

3. 大气流动是静止的

以下4种状态下大气流动是静止的。

（1）大气处在大范围炎热的环境中, 气体分子处在大范围强烈阳光的照射中, 只有上升的气体分子。

(2)在炎热的季节里, 白天与晚上的温差度相差无几, 晚上大气分子仍处在上升中。

(3)大气处在地面强辐射的逆温中, 大气分子处在上升中。

（4）在"片的范围"内, 大气既没有气压梯度力, 也没有磁力线的拉动力, 此时大气处在静风中。

三、温室效应的强弱划分

从上面几点可以看出, 气流的流动决定着温室效应的减弱和增强。

（1）当大气流动处在静风（上面给出的4点）中，它会造成温室效应。当大气处在滞留中，如果是在源头，温室气体分子会源源不断地上升。如果滞留时间为一天或几天，或更长时间，在上升中堆积会稠密，可形成厚厚的温室，在天空的一定高度范围上，可称为固定的温室，温室效应为最强。

（2）当大气流动处在微风中，空气流动是缓慢的，如果是在源头，温室气体分子会源源不断地上升。在上升中应有堆积现象存在，堆积稍稠密，可形成稍厚的温室，在天空的一定高度范围上，可称为移动的温室。温室气体在微风的移动下，一边移动，一边扩散，稍厚的温室会稀薄，温室效应会减弱，应为中强的温室效应。

（3）当大气流动正常，如果处在源头，温室气体会源源不断地排放，温室气体会随着强风的流动被带走，同时在扩散。一边远离，一边扩散，温室气体应处在消失中。在强风的流动下，温室气体不会形成堆积、稠密、固定等，温室效应为最弱。

四、水蒸气与二氧化碳及甲烷气体之间的排列顺序

水蒸气、二氧化碳和甲烷气体，在它们三者之间作一个多与少的排列，看看谁参与建造空中温室的比重最大。

1. 水蒸气

水蒸气分子是极易吸热的。"水蒸气是对气候影响最为明显的一种温室气体，但是长久以来，人们并未将其列入温室气体的名单，原因是大气中水蒸气的含量很不稳定，并且地区之间分布不平衡，不易被人类测量和控制。"[4]

2. 水蒸气的源头

"大气中的水分主要来自海洋、湖水和河水以及湿地"。"每年有大约$89×10^{15}$加仑（$336×10^{15}$升）的海水被蒸发，而来自地表蒸发和植物蒸腾的水分则有$17×10^{15}$加仑（$64×10^{15}$升）之多。"[5]因此水蒸气由两大区域来补充，一部分来自海洋区域，一部分来自陆地区域，海洋和陆地成为两大源头。比较两大源头的蒸发量，来自海洋的蒸发量是陆地蒸发量的5.2倍。每年的蒸发量来自每天蒸发量的积累，这是阳光照射的效应，它每时每刻在地球上发生。

3. 二氧化碳气体

温室气体由火山爆发、森林火灾、生活污染源、工业污染源和交通污染源提供，主要来自陆地，"二氧化碳每年排放总量是200亿吨。"[6]

4. 水蒸气与二氧化碳谁排第一

依据上面给出的数据可计算，按每升水为1千克换算，每年海水蒸发总量是二氧化碳排放总量的16800倍，每年陆地蒸发总量是二氧化碳排放总量的3200倍，海水蒸发总量与陆地蒸发总量二者相加是二氧化碳排放总量的20000倍。在这里仅对陆地蒸发总量与二氧化碳排放总量作一个论述：

城市的二氧化碳污染源来自生活污染源和交通污染源，生活污染的源头来自人们烧饭、沐浴，燃烧的煤、油等，交通污染源主要由汽车排放尾气造成的，这两大污染源主要集中在城市。

在城市中有生态植物园林，有公园，有道路两旁栽种的树木，有面积大小不等的草坪，可绿化到每一处地方。这些植物、树木和草坪，它在享受阳光的同时，会奉献出体内的水汽分子，成为阳光蒸腾到空间的一部分。这一部分的蒸腾量可能要大于或等于或小于生活污染源头的排放量。如果大于生活污染源头的排放量时，水汽分子会成为温室气体的主要气体，成为温室的主要"建筑材料"；如果等于生活污染源头的排放量时，水汽分子成为温室气体的同等量气体，成为温室同等量的"建筑材料"；如果小于生活污染源头的排放量时，水汽分子会成为温室气体的次要气体，成为温室一小部分的"建筑材料"。在这里，水汽分子会得到补充，因为在城市周围有郊区和乡村，郊区和乡村有河流，有池塘，有瓜果园，有蔬菜园，有广大的粮食作物种植田。在阳光的照射下，这些都是水蒸气分子的蒸腾源头，由源头蒸发进入天空，如遇静风会停留在城市周围上空，成为城市周围的温室。如遇微风可随时补给城市上空，又会成为温室的主要"建筑材料"。它应是城市上空建造温室材料的供应者，同时二氧化碳气体应是建造温室材料的一小部分。在这里，城市上空中的温室气体水蒸气应排在第一位，二氧化碳气体应排在第二位。

再有工业污染源，工业污染源同样是燃料燃烧排放，源头是各种大中型的钢铁厂、化工厂、水泥厂、发电厂，还有其他不同类型的工厂等。在生产过程中，排出的温室气体进入天空后可成为温室的主要"建筑材料"，但在厂址的选择上，都会靠近河流、湖泊,有水源的地方,对水的需求量大。这些河流、湖泊又是阳光的蒸发对象,成为水蒸气的蒸发源头。这一部分的蒸腾量可能要大于或等于或小于生活污染源头的排放量。如果大于生活污染源头的排放量时,水汽分子会成为温室气体的主要气体,成为温室的主要"建筑材料";如果等于生活污染源头的排放量时,水汽分子成为温室气体的同等量气体,成为温室同等量的"建筑材料";如果小于生活污染源头的排放量时,水汽分子会成为温室气体的次要气体,成为温室一小部分的"建筑材料"。这些厂子多数处在沿海地区,处在广大的乡村地区,在那里有充足的水源,有广阔的绿地面积,有灌溉的农田,又是阳光的蒸发对象,成为水蒸气的蒸发源头。在阳光的照射下,会有大量的水蒸气源源不断地被蒸发上天空,成为温室的主要"建筑材料",可认为在这些地区建造的大小工厂所排出的二氧化碳气体远远小于水蒸气的蒸发量。在这些地区,很可能水蒸气的蒸发量是二氧化碳排放量的3200倍。如果在这一数字比例下,二氧化碳不是温室气体的主要成员。各种大中型的钢铁厂、化工厂、水泥厂、发电厂,所排放废气系统是集中的,所建烟囱是有数的,是孤立的,当它处在绿色地带排放废气时,早有水蒸气分子把它包围,成为水蒸气分子中的很小一部分。在这里,各种大中型的钢铁厂、化工厂、水泥厂、发电厂上空中的温室气体中水蒸气应排在第一位,二氧化碳气体应排在第二位。

乡村排放污染源也是最广阔的,家家户户都要烧柴做饭,但它处在自己的绿化地带上,如房前屋后有栽种的各种树木,远处播种的有各种作物,所排放气体会被植物和树木吸收,具有自净的能力。同时在这广阔的田野上,又是阳光蒸发的最好对象,成为水蒸气的又一蒸发源头。在这里,无论是乡村,还是广阔的田野,天空中的温室气体中水蒸气应排在第一位,二氧化碳气体应排在第二位。

5. 甲烷

"每年大气层中的甲烷含量在350Tg左右。"[7]这个含量小于二氧化碳气体,应排在第三位。甲烷也是吸收地面长波辐射的气体,成为温室气体的一部分。它与水蒸气比较,应是一个很小的量,由它形成温室气体层,所排放的量应该更不够,还应加上二氧化碳气体和水蒸气气体。甲烷气体排入天空,二氧化碳气体排入天空,两种气体会混合在一起,混合后能否会形成温室气体层? 不能,如果没有了水蒸气的加入,二者相加所排放的量还是应该不够的。

从以上的论述中看，来自地表植物的蒸发与蒸腾量总是大于二氧化碳与甲烷气体的排放总量，这里仅仅是陆地蒸发的量。

6. 如果把海洋蒸发的量加入进去

海洋蒸发的量是陆地蒸发量的5.2倍，是二氧化碳排放量的16800倍，在这一数字下，二氧化碳与甲烷气体更属微量气体。在海风的吹拂下，那么多海水蒸发量会补充给沿海地区，会到达内陆。它应是陆地高空水汽的供应者。在赤道上空，是海洋区域水汽分子蒸发量最大的地区，随着气流的流动，它可能被气流带到北半球的大陆上空，成为大陆上空水汽的供应者。沿海地区海域和海洋地区海域蒸发的水蒸气，应是提供给陆地水汽的两大源头。有这样两大源头，再加上陆地自身蒸发的水蒸气，成为水蒸气的三大源头，与二氧化碳和甲烷源头比较，远远大于二氧化碳气体排放源头和甲烷气体排放源头。

可以这样认为，如果没有了水蒸气的加入，只有二氧化碳气体和甲烷气体，要形成温室，条件之一是首先形成"片的范围"，之二是在"片的范围"上会有厚度，之三是在厚度的基础上要有稠密度。而可排放的二氧化碳气体和甲烷气体的量应该还达不到这样的三条，所排放的量应该不够。

7. 今天出现的温室效益现象明显突出

既然水蒸气的蒸腾量是二氧化碳排放量的两万倍，从古老的气候至今温室效应现象就应该一直存在，为什么今天出现的温室效应现象会明显突出呢？

自工业革命以来，人类大量使用煤，排出大量二氧化碳，它是吸收地面长波辐射的最好元素，才出现了今天的温室效应。燃煤是直接的原因。

如果按这一思路来理解这一问题，上面的回答是正确的；如果换另一思路来理解这一问题，上面的回答是被放大了的。

那么另一思路是什么呢？是对电能的利用。由于各大工厂生产对燃煤的需要，需配套相应的设备，比如发电厂，发电需要大型的发电机，发电机由汽轮机带动，汽轮机又由压力蒸汽带动，压力蒸汽由燃煤锅炉供给，大型的燃煤蒸汽锅炉，需要配置相应的设备，通风设备有高压鼓风机、通风机，供水设备有压力不等的大小水泵，运煤设备有皮带运输机，除灰设备有冷渣机和链式刮板机等。这么多各种各样大小不同的动力设备，都由电力来带动，使整体运转系统转动起来，煤在这些设备的转动下, 开始了常态化的燃烧, 同时排出了二氧化碳。发电厂不单是一个发电输出电能的大户, 而且是一个用煤烧煤的大户, 还是一个全厂自身设备用电的大户。在这一燃煤过程中, 耗用了大量的电流, 同时也发出了大量的电流, 在它的背后导致了温室效应。在燃煤过程中所产生的二氧化碳与发出的电能和耗用的电能相比, 是谁导致了温室效应呢? 答案是发电和用电排在第一, 二氧化碳排在第二。

五、谁是温室的主要 "设计者和建造者"

今天大气为什么不能正常的流动? 再回到利用电能的问题上, 它会建造起象温室一样的暖房, 会产生出效应, 这个效应是阻止大气正常流动, 在利用电能的背后, 还有着更大的秘密, 这就是 "无形温室" 的建立, 下面给以论述。

1. "无形温室" 的建立

大气由78%的氮气, 21%的氧气, 1%的微量气体组成, 这样的气体组成结构一直没有改变, 今天产生增加的二氧化碳气体、甲烷气体, 由于量的不够也不会改变这一结构, 水蒸气包括在内量也不够, 也不会改变这一结构, 水蒸气一直就存在。如果说温室的形成由水蒸气、二氧化碳和甲烷气体组成, 倒不如说是由氮氧分子组成, 因为氮氧分子占据了整个大气层的空间。在这个大气层内, 随着温度高低的变化改变着自己的属性, 这一属性就是前面阐述的两面性。白天在阳光的照射下, 氮氧分子吸收光子, 自身温度增高, 呈显电性, 在晚上失去阳光的照射, 氮氧分子不再吸收光子, 自身温度下降, 呈显磁性, 这是氮氧分子的两面性。在这一属性下, 它与电力线路又会发生怎样的关联呢? 当每架设一条电力线路时, 就是一条电的 "河流", 当电从这条 "河流" 流过时, 自然会有电场形成, 这时这条线路已成了自身整条电场, 是这条线路发生的第一电场。在这条自身整条电场身上, 就会有磁场产生, 这时这条线路又转变形成了整条磁场。在这里会不会发生第二电场呢? 根据麦克斯韦的电磁理论, 变化的电场可形成变化的磁场, 变化的磁场又可形成变化的电场, 在地磁场减弱一章中已经给出定义, 电力线路内所流动的是交流电, 在电力线路身上它应发生场, 这个场应是变化的电场和变化的磁场。依据麦克斯韦的这个电磁理论, 变化的电场可形成变化的磁场, 变化的磁场又可形成变化的电场, 在这条线路身上形成了磁场后, 在磁场的外围又会有电场发生。电场应有物质存在, 这个存在的物质应是自由电子和显电性的物质粒子, 显电性的物质粒子应是氮氧分子, 当电场形成后, 氮氧分子已成为电场内组成的主要物质粒子, 称它为"氮氧分子电场", 把这个电场称为第二电场。第一电场是电力线自身电场, 如图8-1。

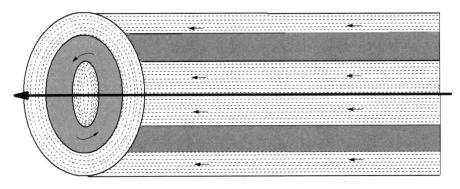

图 8-1

图中粗线为导线, 自身形成第一电场为白色部分(小圆), 深色部分为导线磁场, 旋转方向逆时针。"氮氧分子电场"为第二电场(大圆), 大小箭头为电子流动方向。

（1）第二电场的流动方向：

此时氮氧分子(或称氮氧分子电子)的移动方向仍遵守安培右手定则, 与电流方向一致, 与磁力线方向垂直。

（2）第二电场的长度范围：

它的长度范围是这条电力线路的长度, 电子(氮氧分子)的移动就在这个长度范围上。

（3）第二电场的高度(直径范围)：

它的高度在整条磁场外围的一定高度上。从电力线磁场的外围边界到第二电场外围边界为高度(直径范围), 电子(氮氧分子)就移动在这个直径范围上。

电力线磁场是围绕电力线作圆周运动, 形成的电场范围也应是圆周的。由于电力线架设的高度所限, 从地面到电力线这个高度, 只可能是磁场的范围, 或者是连磁场的范围都不够, 部分圆周或进入地下, 或被压缩。而电场圆周范围可能更不够, 在进入地下部分可能被压缩, 这一部分可能是圆周的很小部分, 从地面以上应是第二电场范围的最大部分。

（4）第二电场形成后的范围大小：

视电力线电流的强弱而定，电流强，自身的电场也强，形成的磁场也强，磁场范围就大，同时形成的第二电场范围也大。电流弱，自身的电场也弱，形成的磁场也弱，磁场范围就小，同时形成的第二电场范围也小。

（5）氮氧分子在线路上的流动过程分为三部分：

①在第二电场电力线路的起点开始端，由于变化磁场的作用力，会把显电性的氮氧气体粒子吸引过来，成为第二电场的主要组成部分。这一主要组成部分会随着电流的流动而移动，当移动到达终点端时，电力线终点端磁场消失，终点端第二电场也随之消失，氮氧气体粒子不再受到电力线磁场的束缚，会随着风的流动而流走。在电力线路第二电场的开始端，氮氧气体粒子会源源不断地被吸引过来，同时在电力线路的终点端，又源源不断地随着大气的流动而流走，吸引多少，就会流走多少。

②从第二电场的开始端到终点端，这条电力线路随时会把线路周围显电性的氮氧气体粒子吸引过来，成为第二电场的一部分。

③氮氧气体分子在自身磁场区跟随磁力线作垂直运动，在第二电场区跟随电流作水平运动，这是一种有机的流动状态。

（6）氮氧分子温度始终存在于这条线路上

这一独立部分处在显电性时，成为磁场的一部分。每个氮氧分子粒子在阳光的照射下带着一定的温度，在这条线路的一定长度范围内和一定的高度范围内，当它处在上面流动的过程中时，总是带着一定温度在这一线路上。

在电力线磁场的作用下，形成了第二电场。在第二电场内，有了氮氧分子在线路上的流动过程，有了氮氧分子在线路上的显电性（温度），形成了一个有机整体的结构，这一整体结构是独立的。在对流低层，这些氮氧分子不随大气一起流动，是随着电流一起流动，就把第二电场这一整体结构称它为"无形温室"。

有了这样一种有机整体的结构，"无形温室"在这条电力线路身上已经"固定"，它在这个长度范围和直径范围已经把大地完全罩住，建造了一座固定状态下的长长的"无形的大温室"。

至此,"无形温室"已经建成。如何建成的秘密已经揭开,也是利用电能背后的秘密,这完全是由电力线路建成的,还可称它为"电力线路效应"。

2. "无形温室"与大气流动

(1)在"无形温室"区域大气流动不畅。

整体大气在空间流动中遇到"无形温室"区域时,不能把机制中的氮氧分子完全带走(如果不是强风),还有可能把整体大气中呈显电性的氮氧分子留下,成为"无形温室"中的一部分。这条无形的温室"大棚"起到了阻止大气正常流动的效应,使大气流动减弱。

(2)在"无形温室"区域大气流动减弱。

"无形温室"的建成包括电力线磁场区,电力线磁场区也应有物质存在,这就是磁力线,磁力线由空间磁力线供给,由电力线截留了下来,形成自身磁场,使空间磁力线减少,起到了使大气流动减弱的直接效应。

(3)在"无形温室"区域冷热空气有对流差。

"无形温室"把大地完全罩住,在罩住的这一部分区域范围内,氮氧气体在自身磁场区跟随磁力线作垂直运动,在"无形温室"区,氮氧气体跟随电流作水平运动。在这样一种状态下,当大气整体流动经过这里时,不能把氮氧气体完全带走,会造成外面的冷空气不能及时流进来,里面的热空气不能及时带出去,造成冷热空气对流不畅,形成温室。

温室气体进入"无形温室"区域,会有这样3种情况:

①在温室气体的排放源头,如城区内外,电力线架设很多,这种无形的温室形成也很多。居民生活中排出的二氧化碳气体、甲烷气体等,还有无数多的汽车尾气排放物,当漂浮到"无形温室"区域时,会被"无形温室"截留,成为"无形温室"的一部分。

②在温室气体的排放源头,如各种生产的厂区内外,电力线路架设很多,这种无形的温室形成也很多。在生产燃煤的过程中排出的二氧化碳、一氧化二氮、碳氢化合物等,当漂浮到无形温室区域时,会被无形温室截留,成为无形温室的一部分。

③还有水蒸气,它无处不在,当漂浮到"无形温室"区域时,会被"无形温室"截留,成为"无形温室"的一部分。

在城区内外和厂区内外,应会存在以下两种现象:

①一方面氮氧分子一直接受阳光的照射,温度处在高温,另一方面有温室气体的加入,它会把地面热辐射吸收,成为高温度的气体。在"无形温室"区内,一个来自天上,一个来自地面,会使温室迅速增温。

②如果有温室气体的加入,它会把地面热辐射吸收使自身温度增高,呈显电性,会迅速加入到"无形温室"中来(第二电场),使电场强度增强。

以上"无形温室"的建立,电力线路是主要的"设计者和建造者",它以占大气99%的氮氧分子为主要构建物质,占大气1%的温室气体为次要构建物质。今天全球气候的变暖,电力线路效应应占主要部分,温室效应应占次要部分。

参考文献

[1] 谢苇. 人类危机之温室效应. 合肥: 安徽文艺出版社, 2012.

[2] 迈克尔·阿拉贝. 气候变化. 马晶译. 上海: 上海科学技术文献出版社, 2006: 102~103.

[3] 谢苇. 人类危机之温室效应. 合肥: 安徽文艺出版社, 2012: 16~24.

[4] 迈克尔·阿拉贝. 气候变化. 马晶译. 上海: 上海科学技术文献出版社, 2006: 108, 31~32.

[6] 谢苇. 人类危机之温室效应. 合肥: 安徽文艺出版社, 2012: 18, 20.

[7] 同[6].

第九章　全球气候变暖

全球气候变暖分为两部分：一部分为全球局部变暖，以"电力线路效应"为主要原因的局部变暖，主要是集中在北半球地区；另一部分是全球最终变暖，主要原因是地磁场减弱。先说全球局部变暖。

一、全球气候局部变暖

1. "无形温室"建立区域

发电厂发电供给各地用电，要架设一定距离的电力线路，要从电厂架设线路到工厂，到矿山，到城市，到农村。电厂的建立区域有的在平原，有的在山区，有的在沿海。工厂和矿山的建立区域同样有的在平原，有的在山区，有的在沿海。城市和农村的建立区域同样有的在平原，有的在山区，有的在沿海，由发电厂发电供给以上地区。

在各个国家，有这么多的城市和农村，这么多的工厂和矿山，更有这么多的电厂遍布各地。当人类在利用电能的时候，无数条的电力线路，在不知不觉中已形成无数条"无形温室"，这么多的"无形温室"已固定在了一定的区域。

在北半球是人口居住最稠密地区，是工业、农业和城市建设最发达地区，也是交流电使用最普及的地区，又是用电量最大最集中地区，所以在北半球地区是"无形的温室"最多建立区域。

2. "无形温室"与大气整体流动的关系

"无形温室"的建立，在这条电力线路的区域范围之内，气体的流动是建立在磁场与电场机制下的流动。在磁场范围，气体跟随磁场磁力线围绕电力线做旋转运动，在电场范围，气体跟随电流沿着电力线作水平运动。在这条电力线身上产生了两种运动，一是旋转运动，二是水平运动，氮氧气体在这样一种机制运动下流动，已不同于大气的流动，已成为独立的一种流动运转机制。当大气整体流动经过这一区域时，除强风外，流动的大气不能把它带走。它的这一运转机制所产生的效应是阻止整体大气正常流动，整体大气正常的流动速度会减缓，风的速度会放慢。在这一效应的作用下，整体大气在正常的流动中，当经过第一条电力线路时，风的速度会放慢。放慢的整体大气正常流动至一定的距离，几千米或十几千米或几十千米，又经过第二条电力线路时，在同一效应的作用下，流动速度会减缓，风的速度会放慢。如果在一百千米或几百千米又经过第三条或第四条电力线路或更多条电力线路时，大气的流动会越来越慢，风的速度会越来越小，从强风变到微风再变到静风。另外，大气还受以下两种因素的影响：

（1）大气在流动中总是从高压区流向低压区，在流动中一直被阳光照射，大气内的氮氧分子会吸收光子使体内增温，由氮氧分子组成的大气在流动中整体会增温，使气压梯度力下降，气压梯度力下降会使大气的流动速度减慢。

（2）大气在流动中一直被阳光照射，大气内的氮氧分子会吸收光子使体内增温，增温后体积膨胀会上升，此时的上升力会减弱磁力线的拉动力，由氮氧分子组成的大气在流动中整体会减弱磁力线的拉动力，使大气流动缓慢。

由于有了上述气压梯度力的下降和磁力线拉动力的减弱，再加上电力线路的拦截效应，会使大气在整体流动中迅速缓慢下来，从强风更快地减弱到微风或静风。"无形温室"建立在哪里，哪里的大气流动就不畅，"无形温室"成为整体大气流动的阻力。在它的区域范围，已形成了一堵挡风的"墙"，这堵挡风的墙在北半球无数，尤其在工业发达地区，在人口居住稠密地区更密集。

大气的流动是平衡和调节全球温度最好的形式，因为气体分子在遇热时会吸收热量，遇冷时又会释放热量，把冷的温度补给热的地区，把热的温度补给冷的地区，达到全球温度平衡。这种平衡由大气流动来完成，如果大气流动在某一地区受阻时，它会形成热区。

3. 大气在流动中会形成热区

在受阻地区（如城市），上有天空阳光的热照射，下有地面的热辐射，会使这一地区迅速升温,成为热的地区。如果热的地区没有强风流过,持续时间过长,温度会上升,会传导给周边地区,如郊区和农村,这时热的范围会扩大。

如果这一热的地区离另一城市很近,在几十千米之间,大气温度不会相差很多,同样也应是热的地区。大气流动同样在这一地区受阻,上有阳光的热照射,下有地面的热辐射,如果持续时间过长,没有强风流过时,热量会传导给郊区和农村。这时热的范围扩大,与另一很近的城市连成一片,形成大的热区,应形成半稠密性热区。如果有第三座城市相邻,或有第四座城市相邻,就会形成更大范围的热区,应形成大范围的稠密性热区。

如果是上百千米至几百千米相距的两城市,同样是上有阳光的照射和下有地面的辐射,如果没有强风流过时,仍是一座热的城市或热的区域,在热的范围扩大后,不会连成一片,应形成稀疏性热区。

城市与城市之间的距离,从十几千米到几十千米之间,几十千米到上百千米之间,上百千米到几百千米之间不等。这样的城市距离建设在四面八方,建设在全国各地。在北半球的每个国家,也应是这样的城市建设距离格局。在这种城市建设距离格局下,北半球已形成稠密性热区、半稠密性热区和稀疏性热区。

城市的高楼大厦林立,本身对大气流动是一种阻拦。大城市的建筑面积范围大,建筑的高度高,对大气流动形成的阻拦要大一些;小城市的建筑面积范围小,建筑的高度低,对大气流动形成的阻拦要小一些。

对流层的大气在整体正常的流动中已不再正常,已经受到了以下5种力的阻拦:

(1)地球大气在整体流动中会遇到城市内外"无形温室"的阻拦。

(2)有厂矿区内外"无形温室"的阻拦。

(3)有全国所有电力线路"无形温室"的阻拦。

(4)有稠密性热区、半稠密性热区和稀疏性热区的阻拦。

(5)有城市高楼大厦本身的阻拦。

这是造成全球局部变暖的原因。

4. 电子层的形成(热层)

氮氧分子在强烈阳光的照射下呈显电性,转变成了一个个"电子"。它在电力线磁场的作用下，由无数多这样的一个个"电子"（氮氧分子）形成了"第二电场"，成为固定电场，存在于空间一定的高度范围内。由于电力线路密布于北半球，形成后的"第二电场"也应密布于北半球的广大空间。"第二电场"是由无数多的一个个"电子"（氮氧分子）组成的，在北半球的广大空间，已形成有一定高度范围上的"电子层"。由于氮氧分子受热而呈显电性，称它为"热层"。

5. 北半球最终变暖

在北半球的大气低层，大气流动遇到了5种力的阻拦，冷热气流得不到互相对换流动，形成热的空气存留，产生局部增温。这种局部增温无数，由点到面，蔓延在北半球最低层。这个最低层应把它划分为两层：

第一层，从地面至电力线路"磁场区"的最外层。

第二层，电力线路"第二电场区"的最外层。

第一层为整体大气受阻后的空气存留热层，第二层为整体电子热层。

在这里对整体存留热层和整体电子热层作一解释。

①整体存留热层：是无数多的城市区域、电力线区域、厂矿区域存留的热空气的总量，它是分布的。

②整体电子热层：是无数条电力线路形成的"第二电场区"集中的氮氧热分子的总量，它也是分布的。

有了大气第一层整体的存留热层，又有了第二层整体的电子热层，北半球已经最终变暖。

"据联合国政府间气候专门委员会（IPCC）的报告，1979—2005年，北半球气温平均升高0.8℃。"[1]这是一个平均的温度，如果处在稠密性热区地带，这应是一个保守的温度，可能会大于这个0.8℃。

二、全球气候最终变暖

1. 北半球的增温会补给南半球

由于北半球的变暖，在微风的流动下，会补给南半球。在近几十年来，北半球的温度就低层而言应该一直要高于南半球很多，如果把北半球气温平均升高0.8℃的温度再分给南半球一半(0.4℃),那么全球平均气温增高了0.4℃。虽然增幅不大,但全球还是增温的,这是其中的一个原因,是次要的。

2. 磁力线的流失

在北半球有无数多的城市、无数多的工厂和无数多的矿区,随之要架设无数多的电力线路。无数多的电力线路要发生无数多的磁场,无数多的磁场要截留无数多的磁力线,截留无数多的磁力线会减少两极流动的磁力线。两极流动的磁力线是地球两极磁场互动的物质,而空气的流动正是被它带动的。

由于两极磁场互动的磁力线物质的减少,带动气体分子的流动量也在减少,气体分子流动的量减少后,会使两极大气流动减弱。两极大气流动减弱,也是全球大气流动的减弱,全球大气流动减弱,会造成全球大气流动缓慢。全球大气流动缓慢,冷热气流得不到及时互相对换流动,主要南北两极寒冷气流到达全球各地的流量在减少后,可能会造成全球增温。这是其中又一个原因,是主要的。

另外,下面还有两个主要原因会导致全球变暖:

(1)对流层整体高度的膨胀,已不在原来应有的高度上。

(2)热带区域整体的膨胀会越过23.5℃南北纬度边界线,进入到南北温带区域。高度的膨胀有可能突破高度边界层,进入到平流层区域,在更高的高度上,气体分子会漂向更远的地方。下面分别给以讨论。

3. 膨胀的对流层

"对流层的高度因纬度而异。低纬度是17~18千米,中纬度是10~12千米,高纬度是8~9千米。"[2]

两极地区的高度在两极上空8~9千米处,中纬度地区的高度在10~12千米处,赤道地区的高度在赤道上空17~18千米处。为什么对流层有这样的不同高度?

(1)"在两极地区的磁场强度要大于赤道地区,同时引力也要大于赤道地区,引力足以把大气分子拉近自己,分子与分子之间稠密,整体空间呈压缩状态,所以两极地区对流层的高度要小于赤道地区。"

(2)"在中纬度地区,磁场强度要稍大于赤道地区,同时引力也要稍大于赤道地区,引力稍足以把大气分子拉近自己,分子与分子之间半稠密,整体空间呈半压缩状态,所以中纬度地区对流层的高度要稍小于赤道地区。"

（3）"在赤道地区，磁场强度要小于两极地区和中纬度地区，同时引力也要小于两极地区和中纬度地区，引力不足以把大气分子拉近自己，分子与分子之间稀疏，整体空间呈膨胀状态，所以赤道地区对流层的高度要大于两极地区和中纬度地区。"

依据地磁场具有的引力作用，推测了对流层在两极、中纬度地区和赤道地区上空大气层高度（厚度）的不同。

那么，今天地磁场的减弱是否对对流层有影响呢？依据上面的推测，应该有影响。首先它的高度（厚度）有变化：

（1）在两极地区，由于磁力线的减少，使大地磁场减弱，它不能把大气分子完全吸引在近地层，对流层的高度已不在原来的8~9千米处，已上升到一定的高度，应超出原来的高度。

（2）在中纬度地区，由于磁力线的减少，使大地磁场减弱，它不能把大气分子完全吸引在近地层，对流层的高度已不在原来的10~12千米处，已上升到一定的高度，应超出原来的高度。

（3）在赤道地区，由于磁力线的减少，使大地磁场减弱，它不能把大气分子完全吸引在近地层，对流层的高度已不在原来的17~18千米处，已上升到一定的高度，应超出原来的高度。

在全球范围内，对流层已受到了普遍的影响，从两极高纬度地区，到中纬度地区，到赤道低纬度地区，普遍应有高度的上升。上升的幅度应有大有小，应是以温度的高低来确定，温度高的地区上升的幅度大，温度低的地区上升的幅度小。在赤道地区温度最高，上升的幅度最大。在两极地区温度最低，应上升的幅度最小。在中纬度地区温度是在最高与最低温度之间，上升的幅度也在二者之间。

对流层整体已普遍在上升，整体大气层厚度增加了，它把地球包裹，这就意味着对地球包裹了第二层，起到了对地球保温的作用。在原有的高度（厚度）上又增加了高度，在原有的温度上又增加了温度，地球这时应该增温，使全球变暖。

4. 膨胀的热带大气圈

首先对地球上划分的五个气候带作一回顾：

"根据光照和各地获得太阳热量的多少，把地球表面按纬度划出热带、南温带、北温带、南寒带和北寒带这五个气候带，叫五带。"[3]（如图9-1）

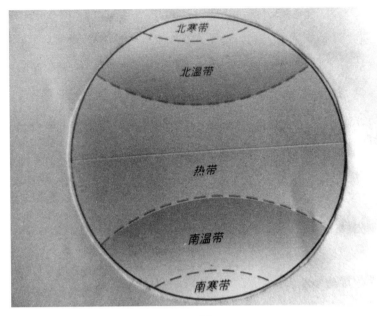

图 9-1

（1）热带：

"南北回归线之间唯一有太阳直射的纬度带，从气候上来说，它是地球上最热的一带，所以称为热带。这个地带约占地球总面积的40%，每年太阳直射两次，太阳高度角大，昼夜长短差别小。热带的气候特点是：终年炎热，年平均气温不低于18℃，温差极小，没有四季区分。"

（2）南北回归线：

"一年之中，太阳直射点总是在北纬23.5℃和南纬23.5℃之间来回移动，因此，把这两条纬线叫做回归线。其中，北纬23.5℃的纬线是太阳能够垂直照射的最北界线，称为北回归线；南纬23.5℃的纬线是太阳能够垂直照射的最南界线，称为南回归线，回归线是热带和温带的分界线。"

（3）温带：

"回归线和极圈之间，既没有太阳直射，又没有极昼和极夜现象的纬度带，叫温带。得到的太阳热量比热带少，比寒带多。北回归线到北极圈之间的地带，叫北温带，南回归线到南极圈之间的地带叫南温带。两个温带的面积约占地球总面积的50%，在温带，正午太阳高度因季节不同而发生的变化最大，昼夜长短的变化愈向高纬愈加显著。温带的气候特点是四季分明，温差较大。"

（4）寒带：

"南北极圈以内唯一有极昼极夜的纬度带，从气候上来说，它们是地球上最寒冷的地带，所以称为寒带。北极圈到北极的地区，叫北寒带。南极圈到南极的地区，叫南寒带。两个寒带的面积约占地球总面积的10%，每年有一段时间太阳总是在地平线上照射，但是正午太阳高度角很低，最大不超过23.5度，阳光显的柔弱无力，地面得到的热量极少，而且还有一段时间是连续的漫漫长夜。寒带的气候特点是终年寒冷，冬季漫长而严寒，夏季最热月的气温在10℃以下。"

（5）极圈：

"地球上距南北极各23.5℃的纬线圈，也就是南北纬66.5℃的纬线圈，叫极圈。南纬66.5℃的纬线，是南半球极昼和极夜的最北界限，叫南极圈。北纬66.5℃的纬线，是北半球极昼和极夜的最南界限，叫北极圈。极圈是寒带和温带的分界线。"

（6）太阳辐射：

"太阳辐射是指太阳以辐射的形式转递到地球上的能量。其强度主要由太阳光线通过大气层的厚度及其水汽含量和混浊程度而定。单位通常用卡/（厘米）平方分钟表示。太阳辐射的分布是决定各种天气变化的主要因素，是引起各地气候差异的根本原因。"[4]

以上知识由《中学地理名词解释》提供。

在低纬度地区，以赤道地区为中心，太阳直射点总是在北纬23.5℃和南纬23.5℃之间来回移动，北纬23.5℃的纬线是太阳能够垂直照射的最北界线，南纬23.5℃的纬线是太阳能够垂直照射的最南界线，称为南北回归线。回归线是热带和温带的分界线，如今，热带南北的各一部分已经进入温带南北的区域，温带与南北回归分界线已被热带区域跨越，热带区域范围已经扩大，原因有这样几种：

（1）在热带区域内氮氧分子的上升量应大于水汽分子的蒸发量。

南北回归线之间唯一有太阳直射的纬度带，终年炎热，它是地球上最热的一带，这个地带约占地球总面积的40%，年平均气温不低于18℃。在这里氮氧分子的上升量要大于水汽分子的蒸发量，因为阳光的照射是从上而下的，从对流顶层最早接受阳光的照射，然后到达大气低层，最后到达海面层，是从上而下照射的。在这一高度上，氮氧分子的上升量应占到最大部分，水汽分子的蒸发量应占到最小部分。

（2）由于是最热地带，又占地球总面积的40%，在这个面积内，氮氧分子的比例同样是99%，如果是整体膨胀，它的整体总面积应大于40%。

假设热带区域膨胀后的总面积达到了45%（现在南北温带总面积是50%，与热带面积相加是90%），如果热带膨胀面积增加5%相对温带面积要减少5%（保持总体热带与温带面积不变，仍是90%），这时，热带面积是45%，温带面积也是45%，热带与温带面积持平。在持平的状态下，热带面积的温度普遍要高于温带面积的温度，两纬度带温度平均后，占有全球90%的面积是增温的。全球的温度应该也是增温的，这里没有把海水蒸发的温度加进去，如果把海水蒸发的温度加进去，平均后，全球的温度一定是增温的。

假设热带总体膨胀后的面积达到50%（保持总体热带与温带面积不变，仍是90%）时，相对温带面积要减少10%，此时温带面积变成40%，这时热带面积要大于温带面积。在热带面积大于温带面积的情况下，全球的温度一定是增温的。再把海水蒸发的温度加进去，平均后，全球的温度一定会更高。

应该说热带面积范围扩大，全球的温度一定是增温的。以前为什么没有出现这一现象，而现在会是这样呢？应该还是下面2点：

（1）如上面说的，由于两极磁场磁力线的减少，带动两极冷的气体的流动量就减少，两极冷的气体的流动量减少后，它不能把热带地区热的氮氧分子冷却下来，在长的时间内，热的氮氧分子会越积越多，温度会越来越高。如果这样长期积累下去，在热带区域，大气总体体积会形成热膨胀，自然会进入温带区域，使温带区域增温，实际是热带区域范围在扩大。

（2）如上面说的，由于地球磁场的减弱，引力不足以吸引膨胀的氮氧分子，不足以吸引被蒸发的水汽分子，这么多上升的氮氧分子和水汽分子已上升在一定的高度上，应超出原来的17~18千米的高度范围。在更高的高度上，热的氮氧分子和水汽分子会更容易漂浮移动扩散到更远的地方，把热量会带到更远的地方，热的范围会更加扩大，比如进入到温带区域内更远的地方。

膨胀的地球对流层、膨胀的热带大气圈，这应是地球磁场减弱的效应，它导致了全球大气的膨胀，尤其是热带区域整体大气的膨胀，使热的范围扩大，这应是全球气候变暖的又一主要原因。

参考文献

[1] 刘俊. 关注气候变化. 北京: 军事科学出版社, 2009: 45.

[2] 张青春. 中学生地理知识百科全书. 延吉: 延边人民出版社, 2003: 13.

[3]《地球漫步》编写组. 地球漫步. 西安: 未来出版社, 2008: 129, 图1.

[4] 廖炽昌, 杨东和, 陈文德, 罗仙金. 中学地理名词解释. 福州: 福建教育出版社, 1982: 9~10.

第十章 两极冰山融化

今天两极冰山冰川的融化，已经危及到太平洋岛国，如图瓦卢和马尔代夫国家，危及到沿海周边地区国家。自海洋形成以来，两极冰山应已同时存在。是什么原因使它存在至今，冰山冰川完整不被融化？又是什么原因使它融化？下面从两个方面给以探讨。

一、两极冰山冰盖的形成

"南极大陆的总面积为1390平方千米，南极大陆98%的地域被一个直径为4500千米永久冰盖所覆盖，其平均厚度为2000米，最厚处达4750米。南极夏季冰架面积达265万平方千米，冬季可扩展到南纬55度，达1880万平方千米。总储水量为2930万立方千米，占全球冰总量的90%，如其融化全球海平面将上升60米。"

"格陵兰岛是地球上最大的岛屿，面积达220万平方千米。90%的面积（约180万平方千米）常年被冰雪覆盖，形成了格陵兰冰盖，该冰盖的平均厚度达2300米，与南极冰盖的平均厚度相似。格陵兰岛上的冰雪总量约为300万立方千米，约占全球总冰量的9%，冻结的水量约占世界冰盖冻结总水量的10%。如果这些冰量全部融化，全球海平面将上升7.5米。"[1]

从下面的资料中可知如此大面积、如此厚的南北极冰盖是如何堆积形成的。

"水以三种形态存在，即气态（水蒸气）、液态（水）、固态（冰）。水以固态形式存在时，分子形成紧密的圆形结构，中央留有一定的空间。"[2]

"在天然冰中，水分子的缔合是按六方晶系的规则排列起来的。"[3]（见图10-1）

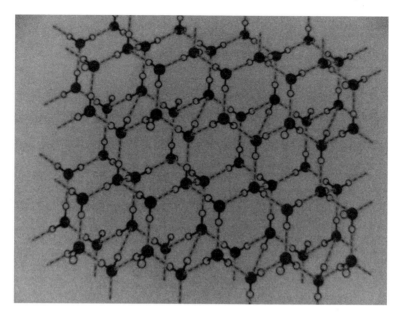

图 10-1 冰的分子模型图

从图中可看到, 这是一个框架结构体, 由6个氧原子组成一个六角形状的基本结构体, 每个氧原子两侧各携带一个氢原子, 就是由6个水分子组成一个六角形, 然后由这个基本结构体再堆积形成冰体, 这是对此图的一个理解。

由于水分子的缔合是按六方晶系的规则排列的, 可认为在这个六方内, 不再有水分子的存在, 或者说在这个六方的空间里, 还可放入好多个水分子, 但这种有规则的排列不允许水分子的进入, 给留出了空间。正是有了这一空间, 在固态水与液态水同体积重量中, 固态水轻于液态水。这样, 在水分子的缔合过程中, 冰晶体的内部已经形成了一定的空间。

由6个水分子缔合相连组成的冰晶体, 这样的结构形状不再由氢键 (“水分子中带正电的氢离子与邻近水分子中带负电的氧离子相互吸引形成键结, 叫做氢键。”[4]) 来完成。以氢键链接形成了液态水的结构, 要形成固态冰的结构, 氢键的力应该不够, 应由大于氢键的力来完成, 这个力应该是水分子之间互相的吸引力, 推论如下:

1. 第一枚小冰晶体粒子形成

每个氢原子内有一个核子、一个电子, 电子始终围绕核子运转。氧原子内有8个核子、8个电子，在这枚水分子身上共有10个核子、10个电子。

在南北两极地区的极低温下，身处其中的氢氧原子与低温相比，自身的温度总是高于低温，总是处在较高能级中，总是处在不稳定状态中，总要回到稳定状态中。

依据丹麦物理学家玻尔理论："原子由较高能级向较低能级跃迁时，原子将向外辐射能量。"[5]身处其中的氢氧原子总是在接受低温，接受低温后，要向外辐射能量（光子），再回到稳定状态中。

在这一自然现象中，先从−1℃起，由2个氢原子加一个氧原子组成的水分子接受低温时，原子会释放光子，电子跳回到最低轨道，体积收缩。由2个氢原子加一个氧原子组成的水分子由于体积收缩，成为最小冰晶体，第一枚冰晶体粒子形成。这是由一个水分子形成的最微小冰晶体，这时这枚小冰晶体粒子身上带着两种东西，一种是低温，一种是磁性，磁性自然呈显出引力，带着磁场。

2. 第一块六角形结构的"空心小冰砖"形成

小冰晶体粒子并不独立，由于它带着磁性，它要吸引第二枚小冰晶体粒子，当吸引遇到第二枚小冰晶体粒子时，会有这样两种现象存在：第一种是两冰晶体粒子温度相同，第二种是两冰晶体粒子温度不同。

如果是第一种时，温度相同时两冰晶体粒子无温度差，具有磁性，仍会互吸，温度相同的两冰晶体粒子存在的时间只是瞬间。

如果是第二种时，温度不同，低温会吸收高温，高温会释放光子，接纳低温，两冰晶体粒子会互吸在一起。此时，互吸后的两冰晶体粒子与环境温度相比，仍处在高温，两冰晶体粒子在低温环境的作用下，还是要向外释放光子。

当遇到第三枚冰晶体粒子时，大粒子会吸引小粒子，因为两粒子的磁性要大于单个粒子的磁性，温度不同时低温要吸纳高温。

这样三个在一起的粒子，会吸引遇到第四枚小冰晶体粒子，温度不同时低温要吸纳高温。

这一过程会自然吸引重复，结合到第6枚小冰晶体粒子时，六角形结构产生。六角形结构产生后，不再把小冰晶体粒子吸引进来，由第6枚小冰晶体粒子正好完成6角形结构的自然组成。这可能是一种自然的个数组成，也可能有某种因素存在，不管什么原因，最终还是由6角形结构所决定。可能只需要6枚粒子来完成，因为这种6角形结构应处在最稳定状态中，正如雪花的六角形状一样，处在完美的稳定状态中。

由6个水分子缔合链接形成的冰晶体应为大块冰体中的最微小冰块，由这最微小六角形冰块构建成冰盖和冰山，就好像砖结构楼房墙体中的一块"砖"。在这种"六角形砖"结构的基础上，可建筑起冰盖和冰山。把这最微小体积冰块就称它为基础小冰砖，它是空心的，应是一块"空心的冰砖"。

这样，第一块"空心小冰砖"在低温的作用下已经"制作"完成。继续在低温的作用下，第二块、第三块以及无数块以同样的过程来制作完成，这应是如何形成6角形结构体的第一步推论。它们在形成过程中，始终在大环境低温下释放光子，同时自身温度下降，整体磁性增强，互相吸引结合体积增大。

3. 如何建筑起冰盖和冰山的

人们制作砖体的过程中，需要挤压出形状，然后高温烧制，经过高温烧制后，有了砖的硬度。有了砖的硬度，就可承受一定的压力，就具有了砖的抗压强度，才可建造起有一定高层的楼房。砖体抗压强度的大小，决定着这座楼房的总质量和这座楼房的总高度。

在最微小的"空心冰砖"中也应有一定的硬度和一定的抗压强度，只有这样才可建造起几千米厚的冰盖和冰山。空心小冰砖刚刚形成，还不足以建造起厚的冰盖和冰山，需要更低温度的"烧制"。在"低温烧制"中应需要"低温容器"，这个"低温容器"就是空心冰砖体本身。它是一个六方形，封闭结构，由外部给它传导低温时，会打造成具有更大硬度和强度的空心小冰砖。

那么这块"空心小冰砖"体是如何接受"低温烧制"的? 推测如下:

在南北两极地区的极低温度下，身处其中的氢氧原子总是在接受低温，由不稳定状态回到稳定状态中。依据玻尔理论，原子由较高能级向较低能级跃迁时，原子将向外辐射能量。接受低温后，要向外辐射光子，再回到稳定状态中。在这一自然现象中，这块空心小冰砖已经是一个整体，会整体接受低温，会整体释放出光子，氢氧原子内的电子同时会由激发态跃迁到基态，跳回到最低轨道，体积各自收缩，整体空心也同时收缩。这块"空心小冰砖"整体体积缩小，回到稳定状态中，这时在它身上会表现出这样几种变化:

(1)当小冰砖空心收缩后，抗压强度会增强。比如在呈圆形的金属圈中，圆形收缩越小, 抗压能力越大, "空心小冰砖"内的六角形也应是这样, 在接受低温后, 六角形的大小尺寸自然会收缩, 内径会变小, 类似于金属圈, 同时硬度会增强, 抗压的能力相应会增大。

(2)当小冰砖各自把光子释放后, 整体温度会更低。

(3)温度越低, 磁性会越强, 引力增大。

(4)如果这块小冰砖暂时独立存在时, 又处在极低温的大环境下, 每时每刻都在接受着低温, 会使上面1至3条的功能加强, 即空心收缩到更小, 小冰砖温度会更低, 磁性会更强。

小冰砖始终处在稳定与不稳定状态之中吸引结合:

"在正常状态下, 原子处于最低能级, 这时电子在离核最近的轨道上运动, 这种状态叫做基态。原子所处的能级越低, 越稳定, 所以, 原子被激发后, 在它所处的激发态停留一段极短的时间(通常约10^{-8}秒)就要自发地跃迁到较低能级上去, 同时把多余的能量以光子的形式辐射出来, 这便是原子发光的过程。"[6]

这块小冰砖并不独立, 它会遇到第二块小冰砖, 当遇到第二块小冰砖时, 有这样两种情况存在:一种是两块小冰砖温度相同, 一种是两块小冰砖温度不同。

如果是第一种时, 温度相同会互吸在一起, 各自回到稳定状态中, 结合后, 整体体积增大, 磁性增强, 磁场力增大。

如果是第二种时, 温度不同, 低温会吸收高温, 高温会释放光子(整体)给予低温, 达到两块小冰砖温度相同, 两块小冰砖互吸在一起, 回到稳定状态中。两体积相加, 相应整体体积增大, 温度平均后相应整体温度下降, 两空心同时收缩, 强度和硬度同时增强, 相应磁性整体增强, 吸引力增大, 整体磁场力增大。

当遇到第三块小冰砖时, 两冰砖会吸引小冰砖, 因为两冰砖相加的磁性要大于单个冰砖的磁性, 温度不同时高温会释放光子补给低温, 吸引结合后, 又会回到稳定状态中。这样三块在一起的小冰砖, 又会吸引遇到第四块小冰砖, 温度不同时高温会释放光子补给低温, 吸引结合后, 又会回到稳定状态中。四块冰砖体积相加, 相应整体体积增大, 面积范围扩大。相应整体温度下降, 四块冰砖空心结构体同时收缩, 强度和硬度同时增强, 相应整体磁性增强, 吸引力增大, 空间范围扩大。总结上面的结合过程, 也是玻尔的能级跃迁过程, 同时也是原子发光的过程, 就像上面说的, 在它所处的激发态只能停留一段极短的时间（通常约10^{-8}秒），然后就要自发地跃迁到较低能级上去，同时把多余的能量以光子的形式辐射出来。

如果吸引结合后的小冰砖暂时不受外界的干扰是独立的，可认为瞬间是处在正常稳定状态中，每个氢氧原子处在最低能级中，电子在离核最近的轨道上。当与另一块小冰砖相遇，温度不同时，温度低的应处在稳定状态中，温度高的应处在不稳定状态中，它要把光子激发，给予另一块小冰砖，此时两块小冰砖吸引结合，温度达到平衡，两块小冰砖又处在稳定状态中，这种状态是短暂的。两块小冰砖又会遇到第三块小冰砖，如果温度相同，在吸引结合后又处在稳定状态中；如果温度不同，温度高的会把光子释放出去，此时低温小冰砖会吸收光子，小冰砖互吸结合，又会回到稳定状态中。这种稳定状态又是短暂的，又会遇到第四块小冰砖，或第五块小冰砖或更多块小冰砖，以及无数块小冰砖。如此无数次从稳定到不稳定，又无数次从不稳定到稳定，一直重复下去，才使得小冰砖一直结合下去，最终吸引结合成为冰盖、冰山。

这一过程每重复结合一次，整体体积相应增大一次，面积范围相应扩大一次，温度平均后整体温度相应下降一次，多空心尺寸同时收缩一次，强度和硬度同时增强一次，磁性相应整体增强，吸引力增大一次，磁场力空间范围扩大一次。如此无数次重复下去，结合下去，相应扩大下去，最终吸引结合扩大成为冰盖、冰山，最终形成两极最大磁场，磁场空间范围已经扩大到地球之外。

在这一形成过程中，小冰砖总是在释放光子（热量），这种热量的释放，会使得冰盖、冰山温度越来越低，冰盖、冰山越来越致密，冰盖、冰山的磁场越来越强大，这是冰盖、冰山内部"冷传导"的一个全过程。这种低温是无形的，总是让有形的粒子（水分子）来表现，一边把高温（光子）辐射，一边把低温吸收（冷传导），总要达到冰盖、冰山整体温度均衡。

4. 温度均衡造就了冰体结构的强度和硬度

在两极地区，冰盖、冰山整体为了达到温度均衡，这是无止境的，也是达不到的，所以低温会"冷传导"给每一个水分子，再到每一个"空心小冰砖"，再冷却传导到每一处，才造就了冰体结构的强度和硬度。

同样它也可以由每一处传导给每一个"空心小冰砖"，再传导给每一个水分子，才有了六角形冰体结构的强度和硬度。它是冰盖、冰山形成厚度的骨架,可支撑起2000米至4750米的厚度。由6个水分子组成的六角形结构空心小冰砖单元体开始,出现多个空心小冰砖的吸引结合,到更多空心小冰砖的吸引结合,再由无数空心小冰砖的吸引结合,最终便堆积形成今天的冰盖和冰山。在冰盖和冰山的任何部位,都展现了它的强度和硬度,这是低温的作用,为了使低温达到冰盖、冰山的整体均衡,在低温自然传导的作用下,又自然打造了空心冰体结构的强度和硬度。

那么,两极低温有下限吗?下面以冰体结构来推测:

液态的水在－1℃时,会成为固态的冰,如果继续给固态的冰施加低温,可从－1℃降到－10℃,降到－50℃,直到－94℃的最低温,这是从南极冰盖测得的。温度是否还可以继续降下去?

依据氢原子具有的两面性,在低温时,呈显磁性,水分子与水分子之间互相吸引后,形成了六角形结构。在低温下,如从－1℃降到－10℃,分子的体积各自收缩,在各自收缩中体积缩小,互相吸引后,由6个水分子组成的六角形结构也随着缩小。再从－10℃降到－50℃,水分子的体积各自收缩,在各自收缩中,相对应的六角形结构也随之缩小。如果这种温度继续下降,再从－50℃降到－94℃,冰晶体的6角形结构也随着缩小。假设一直低温下去,一直收缩下去,由6个水分子组成的六角形结构内部不再有空间,完全相互靠在了一起,水分子本身体积已把空心占满,空心消失,成为实心体,此时应是冰晶体接受低温的最大限度。它的低温限度应在－94℃以下更低温度范围,或－100℃,或－100℃至－120℃,或－150℃,或更低。如果在最低温度限度下继续给以施加低温,可能实心体会出现崩散和碎裂现象。比如一根细的铁棒在冬季低温下,举高后落下,很容易就会断裂,这可能与铁的内部结构有关,因为铁的内部不是空心的,是实心体,内部没有收缩空间。如果继续给六角形结构的小冰砖施加低温,就像这根铁棒一样会碎裂。那么六角形结构的小冰砖还是应有低温下限的,否则随着小冰砖的碎裂,冰盖冰山也随之解体,接受保存低温的"最微小六角形容器"解体消失。

在上面的推测中,由6个水分子组成的小冰体的六角形结构与温度有着一定的联系,随着温度的下降,相对应的六角形结构体的尺寸在收缩。如果知道了下降温度的多少,也就知道了六角形尺寸的大小,或者知道了六角形尺寸的大小,也就知道了温度的多少,它俩是正比的对应关系。"在南极地区,夏季的月平均气温为−35℃,冬季的月平均气温为−60℃",[7]相对应的夏季−35℃的六角形结构体的尺寸应大于冬季−60℃的六角形结构体的尺寸。

二、两极冰山冰架的融化

1. 海水与冰体之间的互融关系

在南极地区,南极大陆夏季的月平均气温为−35℃,冬季的月平均气温为−60℃。"全年的海水温度在−2℃至−4℃之间变化"。[8]那么冰体的温度是多少呢?它应该与气温相差无几,在这里设定冰体温度为−30℃,在这一温度下,海水的温度总是要高于冰体(冰山)的温度,尤其淹没在海面以下的冰体,始终接受着海水的高温(与冰体温度相比),同时海水也在接受着冰体的低温。

当高低温度相遇,冰体的低温要吸收海水的高温,高的温度要补给低的温度,比如冰体温度为−30℃,海水温度为−2℃,两温度相加,(−30℃)+(−2℃)为−32℃。高低温度相融平均后,各自为−16℃时,这时冰体自身温度已失去−14℃,已补给海水−14℃的低温。当海水接受低温后,再加上原有的−2℃,海水的低温度为−16℃,成为海水低温的一部分。这一部分低温的海水又会补给周边高温的海水,这时低温的海水范围在扩大。应该说靠近冰体的海水温度低,远离冰体的海水温度高。

在海水温度始终高于冰体温度时,高低温度相遇,总是在平衡中,在这个前提下,海水始终在接受着冰体的低温,同时冰体自身的温度在升高。

在冰体温度始终低于海水温度时,海水是在冷却中,在这个前提下,冰体温度的低温,左右着海水冷却的程度,冰体温度低温时海水冷却要慢一些,相对冷却的范围要小一些。冰体温度更低温时,海水冷却要快一些,相对冷却的范围要大一些。

在冰盖表面,有−35℃的极低温,会源源不断地传导给冰体,与海水温度"抗衡",使海水冷却,这样冰体保住了自己,在长时间的低温下把海水冷却,海水的低温范围会越来越大。

　　在两极地区,海水的温度总是要高于冰山的温度,同时海平面以上大气的低温总是同样低于海水的温度。以海平面为基准面,可划分为两个温度总量,一个是海平面以下为海水温度总量,一个在海平面以上为大气低温总量,在长期的岁月中,大气低温总量一直处在稳定状态当中,有冰山存在为证。今天海水与大气温度总量处在不稳定状态当中,有部分冰山冰架出现坍塌为证,说明其中的一种温度总量正在发生变化,或两种温度总量都在发生变化,如海水温度总量在增高,同时大气温度总量也在上升。

2. 海水温度总量来自哪里

　　(1)海水内部温度来自阳光的照射,阳光使海水增温,这一现象在海洋形成以来就一直存在。

　　(2)大洋暖流使两极海水增温,这一现象在海洋形成以来应一直存在。

　　(3)地壳运动使海水增温,比如火山喷发。这一现象在海洋形成以来也应一直存在。

　　上面3条是能使海水增温的自然现象,这些自然现象从海洋形成以来应一直存在。

　　在两极地区,以海水表面为界,海水以上是低温,海水以下是高温,由于有了分界温度,会有热量散发出来,这时散发出来的热量应由极地风带走。

　　极地风应有强有弱:

　　(1)当极地风弱的时候不能把海水热量全部带走,部分热量会有滞留。

　　(2)当极地风强的时候能把海水热量全部带走,同时还能使海水冷却。

　　极地风的强与弱决定着海水表面温度的高与低。当极地风弱的时候不能把海水热量全部带走,有滞留,会被大气吸收,使大气增温,会造成大气低温总量发生改变。

3. 大气低温总量来自哪里

　　两极地区的低温来自半年的极夜里,因无阳光照射,才使得两极地区低温,这是两极大气低温总量的主要来源。同时冰盖、冰山是天然的冷库,它把大气冷却,把海水冷却,是冰的“海洋”。

　　大气低温总量总会有热量的补充:

（1）有四周包围冰山、冰盖的海洋，海洋每时每刻在释放热量，它是能改变大气低温总量的最大热源。

（2）有半年的阳光斜射。

（3）有冰盖、冰山所释放出的光子。

（4）有冰盖、冰山把阳光反射到空间的光子，最终会被冰盖冰山吸收。

4. 大气低温总量会发生改变吗？

自两极地区的冰盖、冰山形成以来，这些热量就一直存在，大气低温总量没有发生改变。今天两极冰山冰川的融化，确实是大气低温总量发生了改变，应该与风有直接的关联。当极地风的流动减弱时，不会把海洋释放的热量全部带走，不会把冰盖、冰山所释放的光子全部带走（磁力线的流动会把光子带走），还有阳光反射的光子不会被全部带走。如果滞留，就会造成大气低温总量的改变，使两极温度上升；如果滞留是长期的，那么增温也是长期的，极地风的流动减弱，长期不能把光子（热量）带走，增加了大气低温总量的温度，改变了大气低温总量，这应是极地风减弱的原因。

5. 两极冰山处在正常冷却状态中

在两极地区，冰山为什么一直存在到今天，原因之一有极夜的低温，低温会源源不断地把冰体冷却，冷却的过程，是冰体释放热量的过程，也是冰盖、冰山整体释放热量的过程。这一过程由每个氢氧原子来完成，氢氧原子接受低温后，会自然释放出光子，愿意回到稳定状态中，在这一特性上，每个氢氧原子把热量"奉献"了出来，成为稳定状态。当整体处在这一特性下，整体处在释放热量中，这种释放出来的热量会被大气吸收，会被大气中的氮气分子和氧气分子吸收，在它们身上带上了温度，温度要被带走，氮氧分子要被带走，这个带走的任务就自然地落在了磁力线的身上，由磁力线的流动把氮氧分子带走。在这一过程中：一边冰盖、冰山在整体释放热量，一边又被氮氧分子吸收，一边又被磁力线的流动给带走，在磁力线的正常流动下，两极冰盖、冰山释放多少热量，就会被磁力线带走多少热量而不滞留，这样会保持两极冰盖冰山原有的低温。且面积不断扩大，每到冬季，南极海冰可扩展到1889万平方千米，它是建立在磁力线稠密正常的流动下。

6. 两极冰山处在正常消融状态中

冰体的消融过程：当两极转到极昼时，有阳光的照射，海冰会接受光子，冰晶体接受光子时，氢氧原子吸收光子，之后电子会跳到高轨道上运行。如果这种光子不断地照射，不断地接受，氢氧原子会吸收更多的光子，电子会跳到更高的轨道上，氢氧原子体积膨胀。此时氢氧原子呈显电性，由氢氧原子组成的水分子互相不再吸引，由6个水分子组成的六角形结构解体，冰晶体解体，回到单个水分子。由于显电性，与另一水分子形成氢键链接，又与周边水分子形成氢键链接，与更多水分子形成氢键链接，最终形成整体氢键链接的液态水。

两极冰山正常的消融过程：每到夏季，有半年阳光的斜射，冰体会吸收一定热量的阳光，热量使冰体融化。吸收热量的多少，决定冰体融化速度的快与慢，融化面积范围的多与少。在这半年的时间内，不仅有阳光的热量，还有海水释放的热量，这些热量会由正常流动的风带走，应是一边在释放热量使冰体融化，一边又把热量带走减少冰体的融化。在这一过程中，南极海冰在半年内锐减到256万平方千米，这应是南极地区在极昼时消融的一个正常的面积范围。它消融的面积不会再扩大，它是建立在磁力线正常的流动下。

7. 磁力线的减少效应

两极冰山处在不正常的消融（夏季）和冷却（冬季）状态中。

（1）由于磁力线被截留，整体流动的磁力线减少，在两极磁场的互动下，当磁力线经过两极时，风不能把整体冰山释放的热量全部带走，造成部分热量滞留，滞留的热量很容易又被冰山吸收，形成热量循环。滞留多少，就会吸收多少，这样长期下去，在冬季，冰体面积不能扩大到原来的面积，在夏季，会加速冰山的融化，消融的面积会扩大。

（2）磁力线减少，风的流量就会减少，不能把海水温度全部带走，也就不会把海水温度彻底冷却，海水的温度在原来的基础上会有所升高，会使浸泡在海洋里面的冰体融化。在从前，磁力线不减少的前提下，会把冰山和海面释放的热量完全带走，热量不会滞留，海水的温度被稠密的磁力线（风）冷却并带走。海水温度随着极昼极夜的轮番交替，在极昼时上升，在极夜时下降，保持在原来的温度上。冰山的面积范围随着极昼极夜的轮番交替，或扩大或缩小，夏季保持在夏季的面积上，冬季保持在冬季的面积上,这样冰山处在完整的理想状态中。如今,冷却风减少和减弱,海平面的温度和海平面以上的温度不能完全被带走,会造成冬季冰体面积不能扩大到原来的冰体面积,夏季会加速冰山的融化,在原来收缩的冰体面积基础上还会收缩到更小。

(3)洋流的流动可能会给两极带来温暖,比如暖流,如果有暖流的流动,原有的温度会增高,如果风的流动不能把温度带走,会改变大气低温总量减少,会加速冰山的融化。

(4)膨胀后的热带,已跨界进入温带,使温带增温,也会影响到寒带,会给寒带带来温暖,如果寒带增温,会给极地带来温暖,这应是一个连锁反应过程。如果极地变暖会给极地气候带来影响,这个影响有这样3个方面:

①会改变海水温度总量,会使海水温度总量增温。

②会改变大气低温总量,会使大气低温总量增温。

③如果极地气候变暖,会减弱极地风的流动,上面两总量所增温的热量不能被极地风完全的带走。

两极冰盖、冰山的融化归纳以下6点:

(1)洋流的增温被冰体吸收。

(2)自身海洋的温度被冰体吸收。

(3)膨胀的热带给极地带去温暖被冰山吸收。

(4)冰山释放的热量(光子)被冰体重复吸收。

(5)阳光的照射被冰体吸收。

(6)冰山反射的光子如果有滞留,会被冰体重复吸收。

以上这么多的增温现象,再加上极地风的减弱,才造成今天冰山冰架的坍塌和融化:

"每年大约有一万亿吨的冰涌入南极周围的大海。南极冰盖中高达90%的冰川是通过极少数的几个冰河转移出来的,这些冰流入海洋经常发生崩解形成冰山。此外可能受全球气候变暖的影响,这些漂浮在海洋中的冰山变得越来越大,并且超出大冰川的数量也有了显著的增加。1987年后期,一个大块的冰山从罗斯冰架上分离出来,此冰山是世界上最大的几个知名冰山之一,经测量,这个冰山大约有100英里

（约161千米）长，25英里（约40千米）宽，厚约750英尺（约229米），这相当于罗德岛面积的两倍。1989年8月，这座冰山与南极大陆发生碰撞而分裂成两个小冰川。1995年3月，另外一个48英里×23英里（约77千米×37千米）的超大冰山从漂浮的拉森冰架上分离出来，一头扎入了太平洋。拉森冰架的北半部分，位于南极洲半岛东海岸，也发生了快速的崩解。如此大块的冰山分裂成大量的冰山碎块，也给南极洲海带来了隐患。一个世纪以来，最大的冰川破裂事件发生于2000年初，相当于康涅狄格面积那么大的一个长180英里（约290千米）宽25英里（约40千米）的冰山从罗斯冰架上断裂出来。"[9]

图10-2　在冰山碎块上"舞蹈"的企鹅[10]

在北极"格陵兰岛的冰川中储存了世界上约6%的淡水。气候的明显变暖使位于格陵兰岛的冰川每年融化出多于$50×10^9$吨的水，相当于每年融化11立方英里（约46千米）的冰。格陵兰岛冰川融化出的水和因裂冰作用进入大海的冰山造成全球海平面上升的贡献量，占全球海平面上升比重的7%。目前，格陵兰岛南部和东南部边缘的冰盖正在以7英尺/年（约2米/年）的速度变薄。此外，格陵兰岛上的冰川正在快速地向海洋移动"。[11]

图 10-3　北极熊无奈的"拥抱"[12]

图 10-4　在北冰洋正在融化的永冻 [13]

8. 冰山冰架坍塌的内部机理

由于海水温度总量和大气低温总量的改变,海水温度总量上升,大气温度总量上升,大气温度总量低于海水温度总量,两个高低温度总量互融抵消平均后,更接近于冰点时,会出现冰体的强度和硬度的减弱,导致冰山冰架坍塌现象会提前发生,这是外部的原因。内部的原因呢?

冰山是由一块块的"空心小冰砖"砌筑而成,它带着强度和硬度,强度和硬度的大小是由"空心小冰砖"空心的大小决定的,小冰砖的空心大,强度和硬度就小;小冰砖的空心小,强度和硬度就大,它俩是反比关系。"空心小冰砖"空心的大小是由低温度来决定的,从−1℃开始一直低温下去到达−30℃的过程中,空心会越来越小,强度和硬度会越来越大,能承受越来越厚的冰体和越来越重的冰山。如果从−30℃的低温返回到−1℃的过程中,小冰砖的空心会越来越大,强度和硬度越来越小,能承受的冰体会越来越薄,承受冰体的重量会越来越轻。当上下温度总量发生变化时,它会影响到小冰砖空心的大小,会直接影响到强度和硬度的大小,如果强度和硬度减弱,它会在某一温度段内不能承受冰山的重量时,就会出现坍塌现象。这一温度段应是−1℃至−30℃之间的温度,再减去海水温度传导至冰山深处的温度,此时冰山深处的温度使小冰砖空心体扩大至一定的范围,强度和硬度已经减弱到再不能支撑起冰山的重量,这时发生坍塌。

三、两极磁场为什么最强("空心小冰砖"的强磁性)

在南北两极地区的极低温度下,身处其中的氢氧原子与低温相比总是处在高温中,总是处在较高能级中,总是处在不稳定状态中,总要回到稳定状态中。依据玻尔理论,"原子由较高能级向较低能级跃迁时,原子将向外辐射能量",身处其中的氢氧原子总是在接受低温,接受低温后,要向外辐射能量(光子),再回到稳定状态中。在这一自然现象中,由2个氢原子加一个氧原子组成的水分子,要释放出多少光子呢? 作一假设:

应该是随着温度的下降,释放的光子数会增多。比如从−1℃开始,每个核子假设以释放一个光子为基数,氢氧原子(一个水分子)共有10个核子,共释放10个光子。当下降到−2℃时,每个核子应释放2个光子,氢氧原子(一个水分子)共有10个核子,共释放20个光子。依次类推,在两极地区,平均低温按−20℃计算,当下降到−20℃时,在这枚水分子身上要释放出200个光子,这是最小冰晶体释放出的光子数。那么它的磁性强度点是多少呢? 在居里温度中,温度越高,磁性越弱;温度越低,磁性越强。当光子减少时,磁性增强,当光子增加时,磁性减弱。此时最小冰晶体已释放出200个光子, 就是在小冰晶体内已减少了200个光子, 磁性相应增加了200个磁性强度点。这时在−20℃的低温下, 这枚小冰晶体身上已经获得了200个磁性强度点。

"空心小冰砖"的磁性是多少呢? 它由这样的6枚小冰晶体组成, 这时在这枚"空心小冰砖"身上已经获得了1200个磁性强度点的磁性。这是"空心小冰砖"在−20℃低温下的强磁性。这只是一个保守的假设数字, 可能与释放的光子数相差甚远, 但它已经具有了两极磁性增强的理由。可能还有其他解释。"空心小冰砖"是存储磁性物质的最佳容器, 虽然磁物质不能捕捉到, 可看到了它在两极建造的自然奇观(冰盖冰山)。冰盖冰山应是磁性物质最大的存储器, 所以它是两极地区磁场最强的地方。

在沙漠地带, 由于沙粒与沙粒之间没有互吸性, 各自是独立的, 所以沙漠不能堆积起来, 撒哈拉沙漠地区的最高沙丘高度可能不会超过500米。要想堆积起来, 每粒沙子要呈显磁性, 这样沙粒与沙粒之间才会吸引, 有了互相吸引的功能, 是建造最高沙丘的基础。假设从每个沙粒吸引开始, 到最高沙丘止, 可能会在撒哈拉沙漠地区堆积起万米的最高沙丘, 因为沙丘不会被阳光照射消融, 同时每个沙粒具有强度和硬度, 可能要高于珠穆朗玛峰, 成为世界高度之最。

在两极地区, 每个水分子具有了显磁性, 互相吸引又形成了"空心小冰砖", 又具有了强度和硬度, 在无光照的极夜里, 又具备了极低温。在极低温下, 每块"空心小冰砖"显磁性更强, 吸引力更大, 强度和硬度更大, 才可建筑起高大的冰盖和冰山。强大的磁场, 正是由无数块显磁性的"空心小冰砖"砌筑堆积而来, 它源自水分子具有的自然属性——两面性中的显磁性。

本节也可作为两极磁场不能翻转的又一重要理由, 两极冰山好比两块大磁铁, 始终处在互吸中, 它发出的磁力线以不变的方向永远处在循环流动中, 或者比作两块"定极神铁", 把南北两极磁场永远定格在那里。

参考文献

[1] 谢苔. 人类危机之温室效应. 合肥: 安徽文艺出版社, 2012: 44~47.

[2] 迈克尔·阿拉贝. 气候变化. 马晶译. 上海: 上海科学技术文献出版社, 2006: 35.

[3] 林静. 凝固的水: 冰. 北京: 中国社会出版社, 2012: 3~4.

[4] 迈克尔·阿拉贝. 气候变化. 马晶译. 上海：上海科学技术文献出版社，2006：32.

[5] 中等专业学校教材：物理（下册）. 北京：高等教育出版社，1995：202~204.

[6] 同[5].

[7] 乔恩·埃里克森. 地球的灾难：地震火山及其他地质灾害. 李继磊，杨林玉，袁瑞场译. 北京：首都师范大学出版社，2010：196~204.

[8] 同[7].

[9] 同[7].

[10] 徐井才. 地球百科. 北京：首都师范大学出版社，2012.

[11] 乔恩·埃里克森. 地球的灾难：地震火山及其他地质灾害. 李继磊. 杨林玉. 袁瑞场译. 北京：首都师范大学出版社，2010：213.

[12] 刘俊. 关注全球气候变化. 北京：军事科学出版社，2009.

[13] 林静. 凝固的水：冰. 北京：中国社会出版社，2012.